图像人脸智能检测技术

齐 悦 著

西安电子科技大学出版社

内 容 简 介

本书在系统阐述人脸智能检测技术的相关概念、原理及方法的基础上，充分汲取了众多研究者在人脸智能检测技术方面的研究成果，包括双阶段目标检测网络、单阶段目标检测网络、级联人脸检测网络等，同时结合作者多年的理论研究和实践经验，基于卷积神经网络，针对人脸密集或重叠、尺度变化大、有遮挡等复杂场景，以及平面内人脸旋转角度多变化等导致的误检和漏检现象，提出了融合注意力机制的深度可分离残差网络和基于汇聚级联卷积神经网络的旋转人脸检测模型，兼顾准确率与速度，实现了快速准确的人脸检测。

本书可作为图像目标检测、特征处理、深度学习等研究方向相关人员的参考书，亦可供高校师生及对人脸检测技术感兴趣的读者参考。

图书在版编目（CIP）数据

图像人脸智能检测技术 / 齐悦著. -- 西安 : 西安电子科技大学出版社，2024. 10. -- ISBN 978-7-5606-7466-7

Ⅰ. TP391.4

中国国家版本馆 CIP 数据核字第 2024WQ7315 号

策　　划　曹　攀
责任编辑　曹　攀
出版发行　西安电子科技大学出版社（西安市太白南路 2 号）
电　　话　（029）88202421　88201467　邮　　编　710071
网　　址　www.xduph.com　电子邮箱　xdupfxb001@163.com
经　　销　新华书店
印刷单位　咸阳华盛印务有限责任公司
版　　次　2024 年 10 月第 1 版　2024 年 10 月第 1 次印刷
开　　本　787 毫米×960 毫米　1/16　印　张　11
字　　数　149 千字
定　　价　48.00 元
ISBN 978-7-5606-7466-7

XDUP 7767001-1

前 言

PREFACE

目前，人脸检测技术在面对目标密集、多尺度变化、遮挡或重叠等复杂场景时，仍高度依赖于复杂模型和大量计算资源，使得检测准确率、速度和算力间难以平衡，在计算成本较低的设备上很难实现部署与应用。此外，现有人脸检测技术大多对直立正面人脸的检测效果较好，而对平面内多尺度旋转的人脸检测仍未找到较好的解决方法。鉴于此，本书在系统介绍人脸智能检测技术的相关概念、原理及方法的基础上，基于卷积神经网络，从视觉注意力机制和多任务级联结构的角度，探索轻量级人脸检测算法，兼顾准确率与速度，实现了快速准确的人脸检测。具体而言，本书的主要研究内容如下：

第一，对目前表现突出的卷积神经网络进行梳理。分析卷积神经网络的基础结构及训练过程，阐述经典的卷积神经网络分类模型；剖析人脸智能检测技术中常见的网络结构，包括双阶段目标检测网络、单阶段目标检测网络、级联人脸检测网络等，为搭建高效人脸检测网络奠定基础。

第二，针对人脸检测时有效信息抽取难度大、特征提取不充分的问题，提出一种融合注意力机制的深度可分离残差网络(Deep Separable Residual and Attention Mechanism Network，DSRAM)。DSRAM 以 YOLO(You Only Look Once) v4 为特征提取骨干网，引入改进深度可分离残差块(Improved deep separable residual model，Idsrm)，通过深度可分离卷积运算，减少了骨干网的体积与参数量，利于人脸的快速检测；融合至 DSRAM 中的注意力模块(Attention mechanism，Am)，通过对高阶特征图信息的重新标定，深度有序挖掘图像中的有益特征权重，并将不同层级的信息进行融合，从而保证了人脸检测的准确性。在多种数据集中的实验结果表明，DSRAM 能较快地实现人脸检测。

第三，构建旋转人脸检测数据集。对数据集中的人脸样本进行格式转换、数据增广等操作后，建立了一个面部角度多变、有遮挡、尺度差异大的旋转人脸数据集，以便提升数据样本的泛化性，为相关实验的训练与评估提供数据支撑。

第四，针对平面内人脸存在多旋转角度、多尺度变化等问题，借鉴实时角度无关人脸检测模型思想，提出一种基于汇聚级联卷积神经网络的旋转人脸检测模型(Rotating Face Detection Model Based on Convergent Cascaded Convolutional Neural Network，RFD-CCNN)。RFD-CCNN 的骨干网是单射多尺度检测器，用于调整不同分辨率的特征分支，附加网络则采用了级联结构的分类网络与回归网络，其级联结构的设计进一步加快了对旋转人脸的检测速度。在旋转人脸 FDDB 和旋转人脸 Sub-Wider Face 数据集中的训练与评测，验证了 RFD-CCNN 对旋转人脸的检测效果。

在本书撰写过程中，太原开放大学的领导和老师们给予了大力支持和帮助，在此表示衷心的感谢！此外，本书作者参阅了大量相关图书和资料，并通过网络获取了相关领域的最新成果，因篇幅所限，不能一一列举，在此向各位作者一并致以谢意！

本书的出版得到了山西省教育科学“十四五”规划课题(项目编号：GH-21105、GH-220335)、山西省高等学校教学改革创新项目(项目编号：J20221040)的资助。

由于作者水平有限，书中难免存在不妥和疏漏之处，恳请各位读者批评指正。

齐 悦

2024 年 5 月

目　录
CONTENTS

第 1 章 绪 论

近年来，基于深度学习的目标检测技术在各个领域都受到了高度重视，而人脸检测作为目标检测中的一个重要研究领域，不论是在科学研究中，还是在实际工程应用中，都具有重要的研究意义和研究价值。

1.1 人脸检测的研究背景及应用

人脸检测是计算机视觉领域中一个基础且重要的研究方向，是诸多与人脸图像相关应用的基础，其性能直接影响到各应用的准确性，因此人脸检测技术具有重要的研究价值。

1.1.1 人脸检测的研究背景

关于人脸检测的研究可追溯到 20 世纪 60 年代，到 90 年代初进入初级应用阶段，经过几十年的研究和发展，现已大规模应用在生活的方方面面。从事人脸检测技术研究的科研机构很多，在国外，美国加州大学伯克利分校是人脸检测技术研究的重要发源地。加州大学教授马毅 2008 年发表的人脸检测算法成为深度学习之前业界主流算法。在国内，清华大学是最早从事人脸检测技术研究的科研机构之一。清华大学苏光大教授自 1980 年开始从事人脸检测技术的研究，提出 1:1 图像采样理论和邻域图像并行处理的理论。同时，一些科技企业也极大地促进了人脸检测技术的发展，在国外，微软亚洲研究院于 2013 年提出基于区域的卷积神经网络快速目标检测技术，首度尝试在 10 万规模的数据集上训练该模型并用于目标对象的智能检测，该技术也一直被后续研究者所青睐。在国内，有“人工智能四小龙”之称的商汤、旷视、依图和云从等企业，在人脸检测领域，从学术研究到产业实践，都做了大量工作，并取得了一系列成果。

人脸检测的任务是在给出的一幅图像中，找出所有人脸的位置，即用多个矩形框框出一幅图像中的若干张人脸，同时得到这若干张人脸矩形框的位置坐标[1]。实际上人脸检测属于目标检测。随着检测环境的复杂化和应用要求的高标准化，人脸检测技术面临各种各样的挑战。首先，人脸面部外观差异较大，不同的人在不同情况下的面部表情变化也较大，导致人脸检测时会出现图像差异；其次，一些比较常见的人脸特征不同，如胡须、佩戴的眼镜等；再次，人脸本质上是三维对象，当光线发生变化时，这些光线的变化能消除或投射某些特定人脸的显著阴影[2]。综上可知，人脸检测会遇到多方面的障碍，高效准确地检测出图像中的人脸是非常困难的。经典的基于几何模型的对象识别方法和基于模板的匹配技术，在检测清晰和刚性的目标对象时效果不错，但在检测人脸时往往无法获得满意的结果。

1.1.2 人脸检测的应用

人脸检测通常是现代人机交互系统的第一步，其具有方便、快捷等优点，广泛应用于人脸识别与验证、面部表情识别、人脸追踪和商业娱乐等方面。

1. 人脸识别与验证

人脸识别就是通过摄像头捕获人脸图像，使用核心配对算法对面部的五官相对位置、脸型和脸位置的偏移进行对比，并在已有人脸数据库中进行查找，从而判断该人脸是否属于此数据库。人脸验证是一种特殊的人脸识别，是一种静态比对，在金融、信息安全等领域应用较多，如高速公路、机场安检等证件检查及人员身份信息的核实。不管是人脸识别还是人脸验证，实行的前提均是人脸检测，只有经过人脸检测将人脸的五官等关键点位置确定后，才能把人脸抓取下来进行下一步的数据处理，进而反馈给识别或验证算法，再经过人脸特征数据比对后，最终输出结果。

2. 面部表情识别

面部表情识别，某种程度上就是情绪的可视化，为情绪类别的判断以及后续的分析提供前提条件。因此，面部表情识别作为人际交互的基础，具有较大的研究价值。人脸检测是面部表情识别的重要前提条件，先检测到人脸的具体位置、关键点信息，再进行表情识别分类。面部表情识别在网络课堂在线学习状态监督、精神疾病诊疗、情感分析等方面有较大的应用价值。

3. 人脸追踪

互联网与大数据、人工智能等信息技术的快速发展，高清摄像头技术的不断提升，使得网络监控系统在智能化、多元化以及网络化等方面都取得了显著进步。网络监控系统中的监控设备带有天然的地理位置标签，能检测出不同地域范围内的目标行人，依据监控设备自带的地理位置标签可绘制出目标行人的活动轨迹，实现对其追踪。利用这项技术，监控部门可摆脱工作量巨大的人工检测，从海量的监控视频序列中快速寻找并锁定目标行人，从而提高工作效率，加大治安防控力度。

人脸检测是监控场合中人脸追踪的重要前提条件，先检测出视频中人脸的信息，再进行比对，寻找到指定人物的信息，最后进行追踪，通常应用于罪犯智能追踪系统、司机肇事逃逸系统、可疑人员检测与识别等领域。

4. 商业娱乐

在移动终端设备功能愈加全面的今天，人脸检测技术被大量应用于移动终端图像的采集，从而实现更加复杂的商业和娱乐应用。如现在大部分智能手机的摄像功能都可以检测画面中的人脸，从而更加精准地调整相机焦距，获得高质量的人脸拍摄效果。此外，人脸检测技术在游戏中也十分常见，比如著名的《NBA 2K》(一款篮球模拟游戏)就允许玩家通过摄像头完成人脸特征的检测，继而在游戏中生成和玩家一模一样的球员模型，让玩家具有更强的代入感。

综上，基于人脸检测的各种应用以其独特的优势，展现出巨大的市场价值和广泛的应用潜力，已成为推动社会进步和发展的重要力量。

1.2 计算机视觉与深度学习

1.2.1 计算机视觉概述

计算机视觉作为人工智能的一个重要分支，诞生于1966年，是一门利用计算机从图像或多维数据中感知信息并经处理后传递给人或机器的新兴学科[3]，旨在识别和理解图像/视频中的内容，使计算机系统拥有与生物视觉系统相似的信息处理和判断能力。计算机视觉经过50多年的发展，已成为一个十分活跃的研究领域，吸引着国内外众多研究人员的参与。

1. 计算机视觉的核心原理

计算机视觉的核心原理主要包括图像处理、特征提取和机器学习，这三个环节相互关联，共同构成了计算机视觉系统的基石。

图像处理是计算机视觉的第一步，涉及对图像进行预处理，以改善图像质量，提高后续处理的效果。常见的图像处理技术包括图像增强、去噪、滤波、变换等。图像增强旨在提高图像的对比度、亮度等，使其更适合后续处理；图像去噪和滤波则用于去除图像中的噪声和干扰，使图像更加清晰；图像变换则包括缩放、旋转、仿射变换等，以适应不同的处理需求。

特征提取是计算机视觉中的关键步骤，它旨在从图像中提取出对后续处理有用的信息，如边缘、角点、纹理、颜色等。这些特征能够描述图像的基本属性，并为后续的识别、分类等任务提供基础。特征提取的方法多种多样，包括基于统计的方法、基于模型的方法以及基于深度学习的方法等。

机器学习是计算机视觉的核心驱动力之一。通过训练机器学习模型，计算机能够学习并识别图像中的特定模式，从而实现对图像的分类、检测、识别等任务。

2. 计算机视觉的主要任务

计算机视觉涵盖的内容丰富，需要完成的任务多样，其中最主要的任务有图像分类、图像分割和目标检测[4]，如图 1-1 所示，可以说其他关键任务都是在这三类任务的基础上延伸而来的。

(a) 图像分类

瓶子
杯子
立方体
立方体

(b) 图像分割

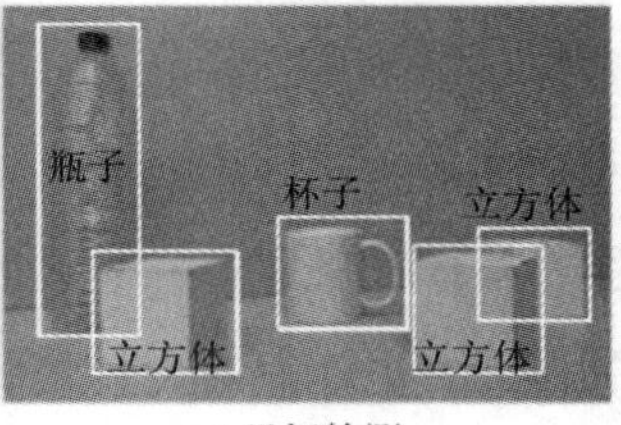

(c) 目标检测

图 1-1　计算机视觉的主要任务

1) 图像分类

图像分类[5]的目标是输出给定图像的类别。它是计算机视觉中重要的基础问题，也是物体检测、图像分割、物体跟踪、行为分析、人脸识别等其他高层视觉任务的基础。早期图像分类使用传统分类算法——支持向量机(Support Vector Machine，SVM)、邻近算法(K-Nearest Neighbor，KNN)等提取图像特征，最好成绩的错误率约为 28.2%[6]。得益于深度学习的推动，图像分类的准确率大幅度提升，如 AlexNet 神经网络将 softmax 分类方法和修正线性单元(Rectified Linear Unit，ReLU)函数应用于图像分类任务中，使得分类错误率最高降低了 12%；此后牛津大学视觉几何组和微软亚洲研究院相继发力，提出了新型结构 VGGNet (Visual Geometry Group Network)和残差网络(Residual Network，ResNet)等，在网络层数加深的同时，提高了分类的准确率，减少了过拟合现象的发生。

2) 图像分割

图像分割[7]的目标是将图像细分为多个具有相似性质且不相交的区域，是对图像的每一个像素加标签的过程，即像素级的分类。图像分割主要有语义分割、实例分割和全景分割。图 1-1(b)为实例分割，即划分出几种不同的物体实例(如瓶子、杯子、立方体等)。实例分割是在图像语义分割的基础上，再次区分出不同的实例类别，并描述出每个图像的轮廓。

3) 目标检测

目标检测[8]包含目标定位和分类，它用边界框(Bounding Box，BBox)把多个目标物体的位置标记出来，并给出多个物体对应的类别，如图 1-1(c)所示。对于人类而言，目标检测是一个非常简单的任务，而计算机能够“看到”的是图像被编码后的数字，它很难理解图像或视频帧中出现了人或物这样高层语义的概念，也就很难定位目标出现在图像中的哪个区域。由于目标会出现在图像或视频帧中的任意位置，且形态千变万化，再加上图像或视频帧的背景千差万别，因此目标检测对计算机来说极具挑战性。

3. 计算机视觉的前沿技术

随着计算机视觉领域研究的火热，一些前沿技术逐渐崭露头角，如深度学习、生成对抗网络、无监督学习等，这些技术的蓬勃发展，不仅推动了计算机视觉领域技术的研发和创新，也促进了相关产业的发展和升级。

1) 深度学习

深度学习是计算机视觉领域的重要技术之一，通过构建深层的神经网络模型，深度学习能够实现对复杂图像数据的处理和分析。卷积神经网络是深度学习中最具代表性的模型之一，在图像分类、目标检测等任务中表现出色。此外，随着计算能力的提升和算法的优化，深度学习在计算机视觉领域的应用范围不断扩大。

2) 生成对抗网络

生成对抗网络是一种新型的深度学习模型，它通过生成器和判别器的对抗训练来生成逼真的图像和视频。在计算机视觉领域，生成对抗网络被广泛应用于图像生成、图像修复、视频生成等任务中。通过训练生成对抗网络模型，计算机能够生成出高质量的图像和视频内容，为创意产业和娱乐产业带来新的机遇。

3) 无监督学习

传统计算机视觉技术大多依赖于有监督学习，即需要大量的标注数据来训练模型，然而，在实际应用中获取大量标注数据往往成本高昂且耗时费力。因此，无监督学习和自监督学习逐渐成为计算机视觉领域的研究热点。这两种方法能够在没有或仅有少量标注数据的情况下训练模型，并取得较好的性能表现。

计算机视觉作为一门涉及多个学科领域的交叉学科，其发展和应用前景广阔。随着技术的不断进步和算法的不断优化，计算机视觉将在更多领域发挥重要作用。

1.2.2　深度学习概述

计算机视觉领域中常用的深度学习技术，是机器学习的一个分支，最早可以追溯到 20 世纪 40 年代，之后经历过两次高潮，直到 2006 年才真正以深度学习之名再次出现在人工智能领域。在深度学习技术出现之前，计算机视觉可执行的任务非常有限，且需要开发人员进行大量的编码工作，尽管取得了令人印象深刻的进步，但仍有许多问题未解决或处理效果不理想。随着 AlexNet 神经网络在 2012 年 ImageNet 大型视觉识别挑战赛（ImageNet Large Scale Visual Recognition Challenge，ILSVRC）中夺冠，深度学习开始呈井喷式发展，各种极具代表性的深度神经网络，如卷积神经网络(Convolutional Neural Network，CNN)、循环神经网络(Recurrent Neural Network，RNN)、长短期记忆网络(Long Short-Term Memory，LSTM)、双向循环神经网络(Bidirectional Recurrent Neural

Network，BiRNN)等相继被提出。这些深度神经网络不管是在精度上还是速度上都赶超其他方法，应用范围涵盖了计算机视觉、自然语言处理、语音处理、大数据分析、数据挖掘、机器翻译等方面，并在当前硬件计算能力发展迅速以及海量数据背景下，获得了突飞猛进的发展。

目前，深度学习算法以神经网络为基本模型。神经网络单元大多被设计成放射变换和非线性变换组合的模式，是对数据中的模式、特征进行学习，其本质上是把原始数据映射到输出，可理解为数据从输入到输出的复杂映射。传统机器学习通常使用人工设计的特征来表示数据，但在很多情况下人工设计的特征无法准确地表示出数据自身的模式，而原始数据表示的好坏又在很大程度上影响着机器学习算法的性能，因此传统机器学习具有一定的局限性。深度学习着重解决了如何获取合理数据表示的问题，它的主要思想是搭建一个数据特征表示的层次结构，从可见层开始，先提取数据的简单特征（如边缘、轮廓等），再经过一系列的隐藏层，逐步抽象出数据的高层特征，其中每层都是基于前一层的特征来构建的。深度学习不仅把数据的表示映射到输出，更重要的是学到了数据本身的特性。随着计算机硬件性能的显著提升(如 CPU、GPU 的快速发展)和大数据时代的到来，深度学习技术得以迅猛发展，并在计算机视觉领域的一些重要研究方向(如目标检测、视觉跟踪、视频处理、生物识别等)上，展现出强大的应用潜力和卓越的性能。

1.3　目标检测

目标检测历来都是计算机视觉领域中的研究热点和研究难点之一。如果把计算机视觉看成一座大厦，将语义分割、场景理解、关键点检测、视频分类和目标跟踪等更高层次的视觉任务比作这座大厦中的房间，那么目标检测就是这座宏伟大厦的地基，其理论和算法的发展可使目标定位和分类更准、检测速度更快、鲁棒性更强。目标检测中的部分算法还可以向其他领域迁移，为众多视觉任务的发展提供良好的基础或启发。

1.3.1 目标检测概述

目标检测是指在给定的图像或视频帧中，让计算机找出所有目标的位置，并给出每个目标的具体类别。从应用的角度来看，目标检测可分为两个研究主题：通用目标检测和检测应用。前者旨在探索在统一框架下检测不同类型物体的方法，以模拟人类的视觉和认知；后者指在特定应用场景下的检测，如人脸检测、车辆检测、遥感检测、智能农业、辅助医疗诊断等。以下介绍特定应用场景下的目标检测。

1. 人脸检测

人脸检测[9]是指从给定的图像或视频帧中检测人脸是否存在，并定位图像中的人脸区域。在实际应用中，人脸检测面临有多种遮挡、背景复杂、场景密集、多尺度以及人脸姿态多样等困境，如何提升人脸检测算法的精度与速度已成为当下研究的热点问题。

2. 车辆检测

车辆检测[10]是指对图像或视频中的车辆进行位置输出，其应用难点在于面对强光、大雨、大雾、有遮挡等复杂的自然环境时，如何让计算机进行更加鲁棒的识别及位置判定。车辆检测对智慧城市的发展有着积极影响，它能够识别当前时段的车辆总数，并向系统反馈拥堵路段，对后续车流顺畅起到一定指导作用。在无人驾驶领域，车辆检测能提供周围环境信息，影响汽车的控制决策。

3. 遥感检测

遥感检测[11]在我国现代化地理探测和监控领域起到了相当重要的作用。遥感检测通过先进的电子和光学传感器，捕获远距离目标物体所发出的电磁波，从而对目标的形状或其他细节信息进行精准建模，常见目标有河流、树木、农田、建筑物和飞机等。遥感检测是对已生成好的遥感图像进行特定种类目标的检测和定位，其难点在于图像本身的分辨率较低且背景复杂，所需要检测目标的像素量占比较少等。

4. 智能农业

随着人工智能技术对农业生产领域的赋能，智能农业逐渐得到发展。目标检测技术为农业生产提供数据支持和技术保障，如利用目标检测技术实现对瓜果蔬菜的检测和计数，从而有效评估亩产量；利用目标检测技术实现对病虫害的检测、防治，可以有效指导农业生产，助力农业发展等。

5. 辅助医疗诊断

医学图像诊断主要依靠专业医生，但当前一些专业医生紧缺，繁重的阅片工作给医生带来了巨大压力。此外，肉眼诊断不可避免地受主观意识的限制，为病情诊断带来一定风险。将目标检测技术应用于医学诊断中，可实现对医学病灶的精确识别和定位，有效提高医生的阅片效率与诊断效率，做到提早对病情进行干预。当前眼底病变的诊断就使用了目标检测技术辅助医生诊疗。

目标检测技术因其广阔的应用领域，吸引着大量高校、科研机构、科技公司的人员参与研究。随着时间的推移，目标检测算法的思路更加多种多样，算法流程或训练技巧不断更新迭代，使得目标检测速度与精度都得到大幅提高，为实际应用提供了坚实的理论依据和技术保障。

1.3.2 传统目标检测技术

21 世纪初，传统目标检测算法相继被提出，这些算法大多依靠手工设计特征来对物体进行检测，一般由区域选取、特征提取、特征分类和消除多余候选框等步骤组成。其算法流程如图 1-2 所示。

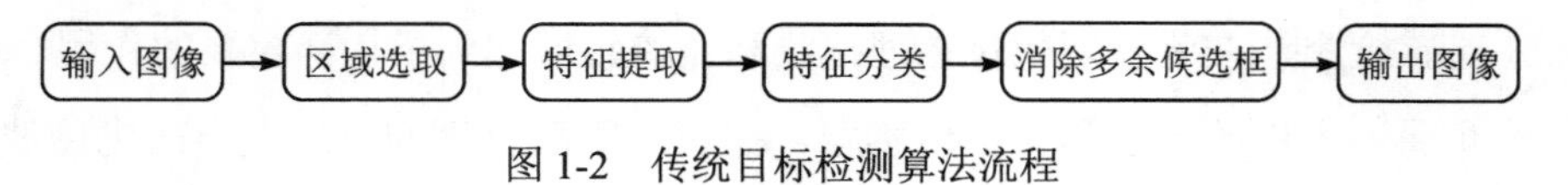

图 1-2 传统目标检测算法流程

第一步：输入图像。

第二步：区域选取。最初的区域选取是用滑动窗口从左到右、从上到下在图像中滑动，来实现对图像中任意位置的物体选取。但实际生活中，一幅图像可能包含单个目标，也可能包含多个目标，且目标尺度不同，如果使用同一种比例的滑动窗口遍历图像，很容易出现信息混淆。如目标过小，会框住许多无用背景，而目标过大，又只能截取部分特征，从而对最终分类造成干扰，产生误差。因此，为了获得准确的图像目标，需要人工精细化设计出各种比例的滑动窗口，造成了人力和时间的大量浪费，且滑动窗口遍历得到的区域太多也造成计算资源的消耗，导致算法运行速度过慢，无法满足生产生活的需要。后来，学者们提出了一些相对高效的区域选取方法，如选择性搜索(Selective Search，SS)算法[12]。SS 算法首先将输入图像分割为一个区域集，然后计算区域集中每个相邻区域的相似度，并找出相似度最高的两个区域，再将这两个区域合并为一个新集并添加到原有区域集中；最后将上述两个区域的相似度删除，重新计算新集与其他子集的相似度。重复以上过程，最终得到可能包含目标的区域，提高检测效率。

第三步：特征提取。使用特征提取器对每个候选框进行特征提取。特征提取是整个检测过程中最重要的步骤，提取到的特征质量直接影响图像分类及最终的检测结果。特征提取器可以由人工设计，来对图像中的纹理、形状、颜色、边缘等属性特性进行提取，也可以使用特殊的算子，如尺度不变特征变换(Scale Invariant Feature Transform，SIFT)[13]、方向梯度直方图(Histogram of Oriented Gradient，HOG)[14]、可变形部件模型(Deformable Parts Models，DPM)[15]等。其中，SIFT 对于旋转、尺度缩放和亮度变化等保持不变性，对噪声、放射变化等也具有一定的稳定性，但计算开销大，且对边缘平滑的目标无法准确地提取特征。HOG 对图像局部单元进行操作，可以对几何和光学变形保持良好的不变性，若局部单元较小时还可保留一定的特征分辨率，其缺点是对遮挡物体检测准确率不高、对噪声敏感、实时性差。DPM 遵循“分而治之”的检测思想，综合应用“困难负样本挖掘”“边界框回归”“语境启动”“局部模型”等多种技术，使得检测性能达到传统目标检测算法的巅峰。DPM对复杂场景下的光照变化不敏感且运算速度快，但它对方向信息较为敏感。

第四步：特征分类。采用训练好的判别器对每个候选框的特征进行区分，输出所属类别。传统目标检测算法中常用的分类器主要有支持向量机(Support Vector Machine，SVM)、自适应增强(Adaptive Boosting，AdaBoost)和随机森林。支持向量机[16]分为线性和非线性，其主要目的是找到一个超平面对样本进行分割，使属于不同类别的样本点位于该超平面的两侧，从而获得数据的最优分类。自适应增强[17]利用初始训练集训练一个基学习器，然后根据基学习器的表现对训练集样本进行调整，使得先前在基学习器中错误训练的样本在后续过程中得到关注，最后基于调整后的样本再训练一个新的基学习器。如此往复，直至将多个基分类器加权集成为一个强分类器，从而实现对特征的选择。随机森林[18]是一个包含多个决策树的分类器，它从基决策树中每个节点的属性集合中，随机选择一个包含 K 个属性的子集，然后再从该子集中选择一个最优属性用于划分，最终实现对样本数据的训练与预测。

第五步：消除多余候选框。经过上述步骤后，图像中可能还会存在大量目标区域候选框，因此需消除这些多余候选框，常采用非极大值抑制[19] (Non-Maximum Suppression，NMS)策略。NMS 利用框与框间的交并比值，将这些多余候选框合并处理，最终为每个目标保留一个合适的选择框。

第六步：输出图像。

尽管传统目标检测算法在一些特定场景中取得了较好的检测结果，但现实中存在大量背景复杂、形态各异的目标，无法依靠人工设计出通用的特征提取器，依靠特殊算子也远不能实现多目标检测和密集目标检测；同时，传统检测算法计算开销大，运算时间长，检测速度慢，无法满足实际生产和生活的需要。

1.3.3 基于深度学习的目标检测技术

随着人工提取特征的性能趋于稳定，目标检测在2010年后进入一个平稳发展期。2012年由Krizhevsky等[20]将设计的AlexNet网络应用于图像分类，并夺得ILSVRC大赛冠军，使得卷积神经网络在世界范围内重新焕发生机，向世界展现出强大的性能。在此大背景下，基于深度学习的目标检测技术演化出众多分支，如双阶段目标检测网络、单阶段目标检测网络以及无锚框的目标检测网络。

1．双阶段目标检测网络

双阶段目标检测网络是一种基于区域的目标检测算法，主要由两个阶段组成。第一阶段：网络对待检测图像生成大量候选框；第二阶段：对每个可能包含目标的候选框进行检测和识别。双阶段目标检测网络的流程如图1-3所示。

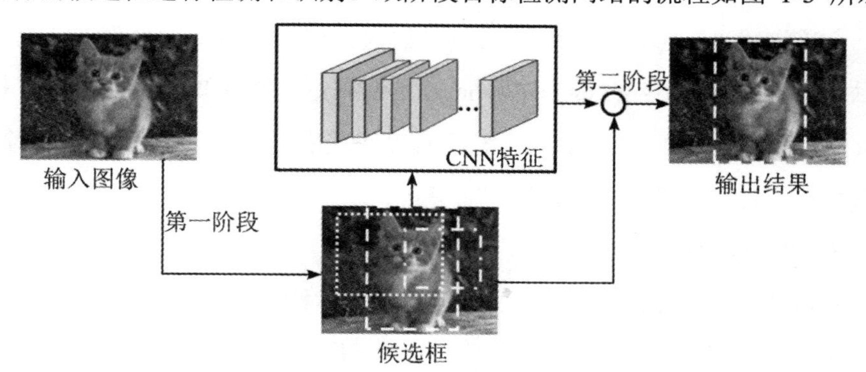

图1-3 双阶段目标检测网络的流程

典型的双阶段目标检测网络有R-CNN(Region-based Convolutional Neural Network)、空间金字塔池化网(Spatial Pyramid Pooling Network，SPPNet)、Fast R-CNN和Faster R-CNN等。R-CNN[21]是将CNN引入目标检测的开山之作，相较于传统目标检测技术，R-CNN在检测精度上的提升超过30%。R-CNN使用SS算法选取候选框，采用神经网络对图像进行特征提取，最终将得到的特征送入分类器和回归器。R-CNN的缺陷是输入图像尺寸必须固定，并且候选框区域在 CNN 中需反复计算，加大了计算量，严重影响检测速度。SPPNet[22]摒弃了 R-CNN 反复计算候选框区域的做法，提出了空间金字塔池化(Spatial Pyramid Pooling，SPP)层，将整个目标图像传入 CNN 以得到全图的特征映射图，然后基于感受野原理，将候选框区域对应特征映射图直接映射，得到特征向量，最后利用 SPP 层对特征向量进行统一的尺寸变换。由于 SPPNet 整个过程是分阶段进行的，特征向量需要写入磁盘，致使空间占用大、训练时无法反向传播更新 CNN 参数。针对此问题，Fast R-CNN[23]对其进行改进，提出用感兴趣区域(Region of Interest，RoI)池化层来替换 SPP 层，以减少计算量。Fast R-CNN 将 CNN、全连接(Fully Connected，FC)层、分类和边界框回归整合到一起，能在训练分类器和回归器的同时更新 CNN 参数，不再将特征写入磁盘。但 Fast R-CNN 仍采取 SS 算法选取候选框，没有真正实现端到端的训练和测试，不具备实时性。由 REN、HE 等[24]提出的 Faster R-CNN，将特征提取、候选区域选取、全连接层、目标分类和边界框回归融合到一个框架中，整个框架分为两个模块，即区域候选网络(Region Proposal Network，RPN)和 Fast R-CNN。相比 Fast R-CNN，Faster R-CNN 提高了检测精度和速度，实现了端到端的目标检测，但离实时目标检测还有一定距离。

2. 单阶段目标检测网络

单阶段目标检测网络是特征提取和目标物体检测一体化的算法，它摒弃了候选区域生成的步骤，利用 CNN 进行特征提取，并在特征图上直接进行目标位置的类别判断和边界框回归，大大提升了检测速度和效率。单阶段目标检测网络的流程如图 1-4 所示。

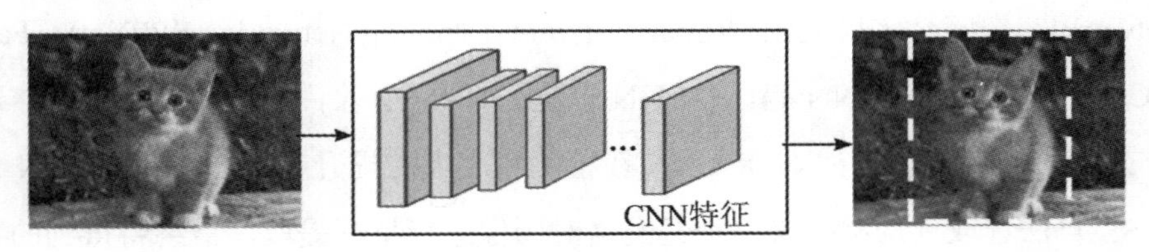

图 1-4 单阶段目标检测网络的流程

单阶段目标检测网络主要有 YOLO[25]系列和单射多尺度检测器(Sinngle Shot MultiBox Detector，SSD)[26]。其中，YOLO v1 首次将目标物体检测作为回归问题进行求解，检测速度达到每秒 45 帧，但是与 Faster R-CNN 相比，YOLO v1 存在严重的定位错误。SSD 则借鉴了 YOLO v1 和 Faster R-CNN 的改进思路，在一阶网络的基础上，从网络不同深度的特征图上提取特征，并设置锚框产生 RoI。由于不同深度的特征层尺度不一，则可检测视野及目标物体的大小也不同，使得 SSD 可匹配不同尺度的物体，因此，在检测速度和精度上 SSD 都有了一定的提升。后来众多学者从多个角度对 YOLO v1 和 SSD 进行改进，如 YOLO v2[27]就是在 YOLO v1 基础上，提出一种目标分类和检测同时训练的算法，从分类更准确、检测速度更快和识别对象更多三方面进行提升，在保持原有优势下，提高了检测精度；YOLO v3[28]通过参考残差网络结构，构建了深度残差网络来提取图像特征，获得了较好的检测速度和精度；YOLO v4[29]引入跨阶段局部网络(Cross Stage Partial NetWork，CSPNet)思想，利用 SPPNet 和路径聚合网络，取代特征金字塔网络(Feature Pyramid NetWork，FPN)，增强了不同尺度特征间的融合，提升了骨干网的特征提取能力。随着 YOLO v5、YOLO v6、YOLO v7、YOLO v8 等新版本的推出，YOLO 系列网络模型不断刷新着目标检测的精度。DSSD(Deconvolutional SSD)[30]和 RSSD(Rainbow SSD)[31]均是基于 SSD 网络，主要改进思路都是利用深层特征与浅层特征的融合，来克服浅层特征层上语义信息的缺失问题，进而提升对小目标物体的检测精度。两者的区别在于特征融合方法有所不同，DSSD 主要是将最深层特征直接用于分类和回归，同时最深层特征先采用反卷积方法进行上采样后，再与浅一层的特征进行融合，采取的融合方法则是逐元素相加或相乘，继而直接对融合后的特征进行分类和回归；之后，继续将该层特征和邻近的前一层特征再进行反卷积和融合操作，累计得到 6 个融合后的特征，最后给检测头做预测。RSSD 则先是通过池化操作进行下采样，最深层特征利用反卷积方法上采样后，与浅一层的特征进行多通道拼接，这种融合方式被命名为彩虹式融合。以上两种特征融合方法为本书人脸检测网络模型的改进提供了思路。

3. 无锚框的目标检测网络

无论是双阶段目标检测网络还是单阶段目标检测网络，都采用锚框来提升算法性能，但是锚框的缺点也非常明显。首先，R-CNN 中使用了 2000 个锚框，大量锚框的使用会造成正负样本不均衡，因为只有少部分锚框能与真实标签框重叠，这就减缓了训练过程；其次，锚框的使用会带来复杂的超参数选择和设计问题，涉及的超参数包含框的数量、框的尺寸和宽高比等。为解决以上问题，无锚框算法开始兴起。2019 年 TIAN 等[32]提出的 FCOS(Fully Convolutional One-Stage)就是典型的无锚框目标检测网络，其核心思想是将铺设锚框变成铺设锚点，这样就避免了锚框的相关计算、超参数优化等问题，使得检测流程较为简单，且速度较快。2020 年 Facebook AI 研究院提出基于 Transformer 的目标检测网络 DETR(DEtection TRansformer) [33]，将检测流程中的特征融合阶段用 Transformer 组合替代，与 CNN 特征结合后进行端到端的训练。DETR 对每个目标实例直接进行检测，不再产生大量候选框，因此消除了锚点框和 NMS 等人为手段，且在公开数据集上的检测效果可媲美 Faster R-CNN，为目标检测领域开创了一个新的研究方向，基于 Transformer 的目标检测网络也蓬勃发展起来。

1.3.4　基于深度学习的人脸检测技术

近年来，人脸检测领域涌现出大量深度学习网络模型，这些模型可以迅速且准确地对复杂环境中的人脸进行检测。目前主流的基于 CNN 的人脸检测方法有两种：基于通用目标检测网络的人脸检测和基于级联网络的人脸检测。

1．基于通用目标检测网络的人脸检测

通用目标检测网络可以检测图像中多个类别的目标，因其应用范围广而得到了更多关注。人脸检测作为目标检测中的一个特殊任务，也沿袭了很多通用目标检测网络的思想。双阶段目标检测网络中的 R-CNN，利用选择性搜索算法提供候选框，与 CNN 结合进行目标分类与定位；SPPNet 结合空间金字塔池化层实现多尺度输入；Fast R-CNN 对 R-CNN 候选区域进行优化，既保证了检测准确率，又提高了检测速度；Faster R-CNN 引入区域候选网络 RPN 来代替选择性搜索算法，较好地平衡了检测速度和精度。单阶段目标检测网络中，如 SSD 和 YOLO 系列，对预先设置的候选框直接进行分类和回归，使得检测速度有了较大提升。

这些通用目标检测网络均可改进后用于人脸检测。例如：Zhu 等[34]将 Faster R-CNN 应用于人脸检测，提出基于上下文的多尺度区域网络；该网络整体上被划分为上下两部分，上部分采用区域生成网进行检测，下部分结合人脸长、宽等信息进行检测。Wan 等[35]将 Faster R-CNN 与困难负样本优化结合，对大场景中的少量人脸检测准确率较高，但对小场景中的大量人脸检测准确率较低。Zhang 等[36]提出的 S3FD(Single Shot Scale-invariant Face Detector)，结合了 Faster R-CNN 中的 RPN 和 SSD 算法中的锚点机制，采用诸如在更多层上提取锚点、选取一系列合适的锚点尺寸、提高小人脸召回率的尺度补偿锚点匹配策略、降低小人脸消极背景的最大输出方法等一系列措施，来解决人脸的尺度差异，实现了一个能应对不同尺度的人脸检测网络。受 SSD 网络影响，Najibi 等[37]通过对不同尺度的特征图进行检测，解决了多尺度人脸检测问题，尤其是提高了网络模型对小尺度人脸的检测准确率。Tang 等[38]基于 SSD 网络，联合更多的上下文信息以辅助人脸检测。Zhang 等[39]则在单阶段检测器的基础上使用更强劲的骨干网获得了更佳的检测效果。吴慧婕等[40]在 YOLO v5 骨干网络和颈部的不同网络层级上加入 Coordinate 注意力机制，用 SIoU_Loss 替换原边界回归中的损失函数，相较于基准网络，检测精度提升了 1.6%。

2. 基于级联网络的人脸检测

级联在计算机学科范畴中可以理解为多个对象之间的映射关系，这种映射关系能够提高数据处理和管理效率。设置级联关系的方法大致可分为级联传统方法和级联深度学习方法。2001 年，Viola 和 Jones[41]提出的级联分类器，即著名的 Viola-Jones 检测器，就是级联传统方法的代表。它针对人脸检测使用 Haar-like 特征和积分图提取有效特征，并用 AdaBoost 训练出强分类器进行级联。

2015 年，由 Li 等提出的级联卷积神经网络(Cascade Convolutional Neural Network，Cascade CNN)[42]被认为是传统方法和现代深度学习相结合的一个代表，它延续了 Viola 和 Jones 的想法，使用不同的交并比(Intersection over Union，IoU)阈值训练出多个级联检测器，提高了人脸检测效果。此后许多学者沿着此方向展开研究，提出了多种人脸检测网络模型，如 Yang 等提出的 FacenessNet 模型[43]，借用多个深度卷积神经网络，使用脸部的各部件分类器对人脸部件进行打分，并按照既定规则分析后得到候选的人脸区域，最后通过网络模型得到最终的人脸检测结果，提高了对有遮挡人脸的检测效果；Shi 等[44]提出的实时角度无关人脸模型，利用渐进式校准网络(Progressive Calibration Network，PCN)进行旋转不变的人脸检测，最终获得一个朝上的人脸。

2016 年，由 Zhang 等[45]提出的多任务级联卷积神经网络(Multi-task Cascaded Convolutional Neural Network，MTCNN)进一步拓展了级联卷积神经网络思想，将整体网络结构分为 P-Net、R-Net 和 O-Net。P-Net 的主要功能是将图像输入之后得到大量的候选坐标，再根据候选坐标在原图上进行截图；R-Net 则是对前一步筛选出来的候选图像进行微调，然后输出图像的坐标偏移量；在 R-Net 去除大量候选图像之后，将剩余图像输入 O-Net 进行坐标判断选取，以多任务的形式同时解决人脸识别和特征点定位。为了解决 MTCNN 在小人脸检测时鲁棒性低的问题，董春峰等[46]在 R-Net 和 O-Net 网络中添加感受野模块，结合批量标准化和全局平均池化等方式加速模型收敛。

综上，众多人脸检测网络通过合理分解任务和优化网络结构，使得检测精度和检测速度不断提升。尽管目前已有多种人脸检测技术，但面对要求越来越高的实际应用需求，如何解决尺度变化大、多旋转角度、高密度人群等复杂背景下的人脸检测，仍需继续探究。

1.3.5 人脸检测技术的难点

人脸检测技术经过几十年的发展，已然相对成熟。采用深度学习方法进行人脸检测，虽然可以省去对图像中人脸的处理过程，提高人脸检测速度，但由于人脸姿态的多样性和外部环境的复杂性，当前多数人脸检测技术仍旧难以得到令人满意的效果。实际应用中人脸检测仍面临许多难点，主要体现在以下几方面。

1．特征表示

计算机中的人脸图像本质上是一个像素值矩阵，计算机无法直接从中理解图像的具体信息，因此需要使用一些特殊算子来对人脸图像进行编码，从而提取特征。但是人为设计算子提取出的特征空间总存在一些缺陷，经常出现漏检和误检的现象。基于 CNN 的简单特征算子计算速度快，但精度受影响，而复杂特征算子能更好地表述目标属性，但检测速度慢。因此如何提取特征、判断何种特征更能描述人脸的特性，是人脸检测关键而基础的一步。

2. 角度变化

在真实世界的图像或视频中，人脸图像角度变化各异。相同人脸由于角度、方向、表情等不同，均会造成人脸几何形状的改变，亦会引起图像的变化，进而使得特征空间中的差异也会很大，甚至不同角度下人脸间的差异会大于人脸与非人脸间的差异，这就要求人脸检测器要有很高的泛化性能。然而，分类器在进行训练时，为了能够得到较低的虚警率，泛化性能往往会受到一定的限制，很难用一个分类器将多姿态下的人脸都正确地分类，因此时常会出现漏检现象。

3. 尺度变化

训练得到模型的尺寸是固定的，然而待检测人脸尺寸是不定的，这增加了人脸检测的难度。除此之外，身处不同的环境，光线、背景、颜色、肤色、遮挡等因素也会对人脸检测的最终结果造成影响。

另外，人脸检测网络模型性能还受到图像质量的影响。如果图像分辨率低、噪声大或者存在模糊现象，那么人脸检测的难度就会相应增加。

综上所述，人脸作为人类特有的属性，不仅承载着个体身份信息，还是现代科技发展应用的重要领域之一。结合先进的人脸检测技术，我们能够实现对人脸的精准识别、定位和追踪，从而为身份验证、人机交互、安全监控、情感分析、商业娱乐等领域带来变革。人脸检测技术虽然取得了显著进步，但在实际应用中仍需不断研究和改进，提高人脸检测技术的性能。

第 2 章

卷积神经网络基础

深度学习是机器学习领域的重要分支，它以大量样本数据的迭代计算为基础，模仿生物脑神经的仿生学原理，利用构建起的多层神经网络，将输入信息逐步进行抽象化表示，是人工神经网络的发展和延续[47]。深度学习不仅把数据的表示映射到输出，更重要的是学到了数据本身的特性。随着 CPU、GPU 等计算机基础设施的快速发展，多种层次结构网络模型的涌现，深度学习得到了蓬勃发展，特别是卷积神经网络，凭借着强大的拟合能力和对大规模数据特征的学习能力，在目标检测、图像分类、语音识别、自然语言处理等领域取得了巨大突破。

2.1 卷积神经网络发展概述

20 世纪 60 年代，生物学家 Hubel 和 Wiesel[48]在对哺乳动物大脑进行研究时，发现视觉系统处理方式是分级的，于是提出了感受野的概念。他们认为大脑皮层中的某个神经元只接受视网膜中某一特定子区域的影响，而视觉信息从视网膜传递到大脑需要经过多层次的感受野激发完成。20 世纪 80 年代，受感受野层级结构的启发，日本学者 Fukushima[49]提出一种被称作神经认知机的自组织多层神经网络，此网络被认为是卷积神经网络的第一次工程实现。通过应用 Fukushima 提出的卷积与池化概念，可获取图像的平移不变特性。20 世纪 90 年代初，LeCun 等[50]提出的 LeNet 神经网络结构中采用了卷积核，使感受野从理论到实践取得突破性进展，这标志着卷积神经网络的真正面世。LeNet 神经网络结构如图 2-1 所示，图中交替出现的卷积层、池化层奠定了现代卷积神经网络的基本网络结构，形成了当代卷积神经网络的雏形，后续许多工作都是基于此进行的改进。

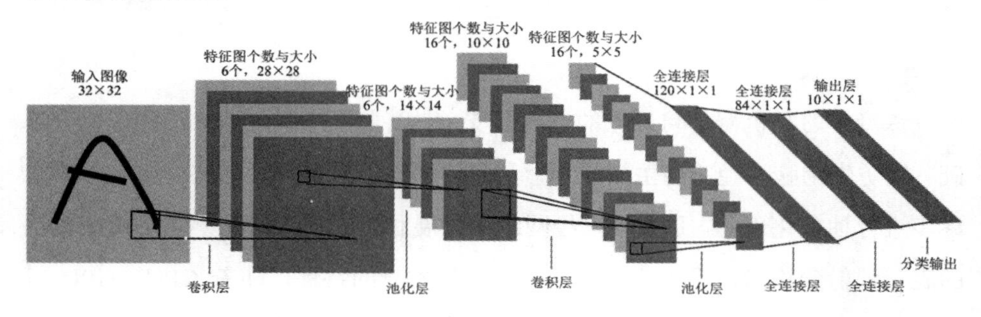

图 2-1 LeNet 神经网络结构

由于当时计算能力不足以及样本数据匮乏，卷积神经网络并没有成为主流。沉寂多年后，随着数据获取途径的增多，以 GPU 为主的并行计算盛行，以及卷积神经网络本身的进步，特别是 2012 年 AlexNet 神经网络在 ILSVRC 中取得冠军，使得卷积神经网络声名鹊起，并在接下来短短十几年的时间内，如雨后春笋般涌现出许多优秀的网络模型，其中具有代表性的有 VGGNet、GoogleNet、ResNet、SENet 等，壮大了这一领域的发展。VGGNet[51]将网络深度增加到 16 层，提高了网络提取特征的能力，同时证明了小尺寸卷积核的重要性。GoogLeNet[52]引入多个 Inception 块，实现了混合特征图的联合应用，拓宽了网络的宽度。ResNet[53]使用名为 bottleneck 的残差块，成功将网络结构加深到 152 层，解决了深度学习网络随着层数的加深梯度逐渐消失的问题；ResNet 具有更高的分类精度以及更小的参数量，成为一个里程碑式的进步。SENet[54]引入注意力机制，使用压缩-激励(Squeeze and Excitation，SE)块，通过建立特征通道间的依赖关系，自适应地重新校准通道维度上的特征响应，提升了特征表示的质量。

卷积神经网络通过多层次结构，挖掘数据在空间上的相关性，不需要复杂的预处理过程，就能自动从图像中抽取丰富的特征。相较于传统机器学习，卷积神经网络良好的容错能力、并行处理能力以及强大的自学能力，使它在面对复杂背景和推理规则不明确的问题时也表现良好。目前大部分计算机视觉任务都采用卷积神经网络来提取图像中的特征信息，并将其作为核心技术广泛应用于计算机视觉领域的相关研究中。因此，本书对多尺度、密集场景及平面内多旋转角度下的人脸检测均以卷积神经网络为基础，利用网络自动学习的优势来提升人脸检测性能。

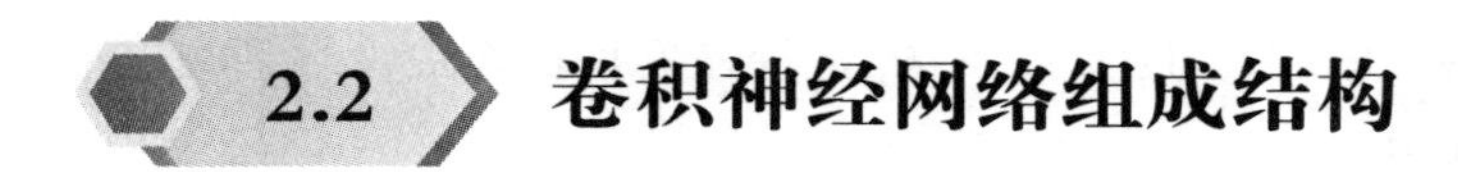

2.2 卷积神经网络组成结构

卷积神经网络主要由卷积层、激活层、池化层和全连接层组成，当然应有输入层和输出层，卷积神经网络中还有批标准化层、丢弃层等，以提高网络的训练速度和稳定性，减少过拟合风险。卷积层是卷积神经网络的核心部分，主要完成对输入图像的特征提取；激活层通常紧跟在卷积层之后，用于将卷积层输出结果进行非线性变换，增加网络的复杂度；池化层主要用于降低特征图的维度，减少网络模型参数量，同时提高模型的鲁棒性；全连接层通常位于卷积层和池化层之后，用于对提取到的特征进行加权求和，以实现分类或回归等任务。

2.2.1 卷积层

卷积层是卷积神经网络中独特的网络结构，常用的填充、步长等术语均出现在卷积层。在图像处理领域，卷积层也被称作滤波器，其目的是提取输入图像的特征信息。卷积层由若干个卷积核组成，每一次的卷积操作就是卷积核通过滑动的方式对输入特征图上的一个区域做运算，并且滑动时需要基于合适的步长来移动。卷积计算过程如图 2-2 所示，其为卷积核 3 × 3 × 1 在特征图 4 × 4 × 1 对应位置上的卷积计算过程。

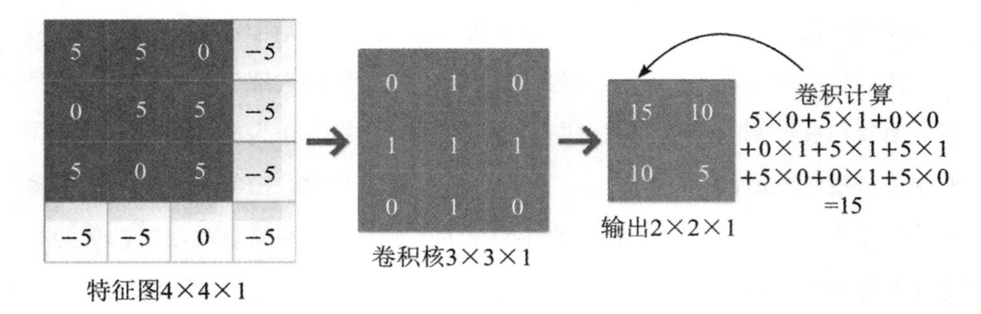

图 2-2　卷积计算过程

设输入特征图的尺寸为 $W_{\text{in}} \times H_{\text{in}}$，经过卷积操作后，得到输出特征图为 $W_{\text{out}} \times H_{\text{out}}$，输出特征图的计算公式为

$$W_{\text{out}} \times H_{\text{out}} = \left(\frac{W_{\text{in}} + 2p - f}{s} + 1\right) \times \left(\frac{H_{\text{in}} + 2p - f}{s} + 1\right) \tag{2-1}$$

式中，f 为卷积核的大小，s 为步长，p 为填充值。经过卷积操作后输出特征图一般比输入特征图小，若要保持特征图大小一致，通常会在输入特征图的周围进行填充操作，填充值 p 为 0 或 1。如在图 2-2 中的输入特征图四周补一圈 0，即 $p = 1$，则输入特征图尺寸变为 6 × 6 × 1，可计算输出特征图尺寸为 4 × 4 × 1，实现了增补前输入与增补后输出特征图的尺寸不变。

卷积核的尺寸是可以灵活设置的，它决定了感受野的大小。卷积核中的权重初始值是随机生成的，之后通过不断训练使其优化。在每个卷积层中都含有若干个具有固定尺寸和不同参数的卷积核，利用不同参数的卷积核可完成不同的卷积计算，从而实现对不同特征的提取。在模型训练过程中，卷积核的参数也会随着网络的自主学习不断更新，以获得最优权值，整体上实现输入数据在维度上的增加，以提高网络模型的特征提取能力[55]。

卷积层的优势在于拥有局部感知和权值共享机制。局部连接可以让每个神经元只与原图像中的某一个局部区域连接，相较于传统的全连接结构，可以有效减少卷积层的参数量。图 2-3 中若输入图像尺寸为 100×100，下一个隐藏层的神经元数目为 10^4 个，采用全连接则有 $100 \times 100 \times 10^4 = 10^8$ 个参数取值，如此巨大的参数量几乎是难以训练的；而采用局部连接，隐藏层的每个神经元仅与图像中 3×3(卷积的大小)局部图像相连接，那么此时参数量为 $3 \times 3 \times 10^4 = 9 \times 10^4$，直接减少 4 个数量级。因此，局部感知可有效降低网络所需训练的参数个数。

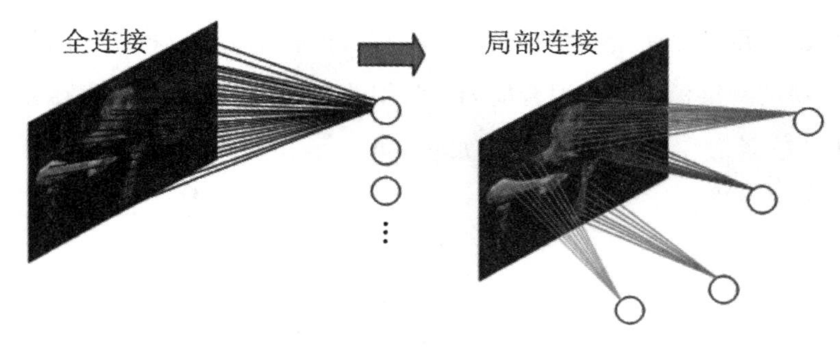

图 2-3　局部感知示意图

权值共享表示网络在扫描图像时，使用相同的卷积核，由于核内部的参数相同，因此称为权值共享。在图 2-3 中，每个神经元的卷积核大小为 3×3，若隐藏层神经元总数为 10^4 个，用同一个大小为 3×3 的卷积核依次与 10^4 个神经元进行卷积运算，则参数只有卷积核中的 9 个，而无需考虑隐藏层中神经元的数目，即需要训练的参数仅 9 个。若卷积核 3×3 具备在图像中提取某一特征的能力，则该卷积核在图像的任何一个区域都可以起作用，即权值共享。当采用 100 或 1000 个卷积核来提取特征时，参数量也只有 900 或 9000 个，相对全连接来说，参数量大大减少。

综上，卷积层通过卷积核学习输入数据的局部特征，通过局部感知和权值共享机制，大大减少需要学习的参数量。随着网络层数的加深，深层卷积层能够学习到更加复杂、抽象的特征信息，这些特征信息对于解决复杂任务非常有帮助。

2.2.2 激活层

激活层是卷积神经网络的组成部分，其重要性不亚于卷积层。激活层由激活函数组成，负责模拟激活与抑制神经元。自然界中所有神经运动都是通过激活某个神经元并抑制某个神经元得到的。在卷积神经网络中，卷积层的运算实质上就是带有不同参数的矩阵相乘，无论有多少个矩阵间的乘积运算，其本质仍是线性运算。从函数拟合的角度来看，这种线性操作的拟合能力十分有限。激活函数的作用就是带给卷积神经网络非线性的特征信息，将线性函数变得更加复杂，帮助网络模型提升拟合能力。常用的激活函数有 Sigmoid 函数、Tanh 函数、ReLU 函数和 Mish 函数等，如图 2-4 所示。

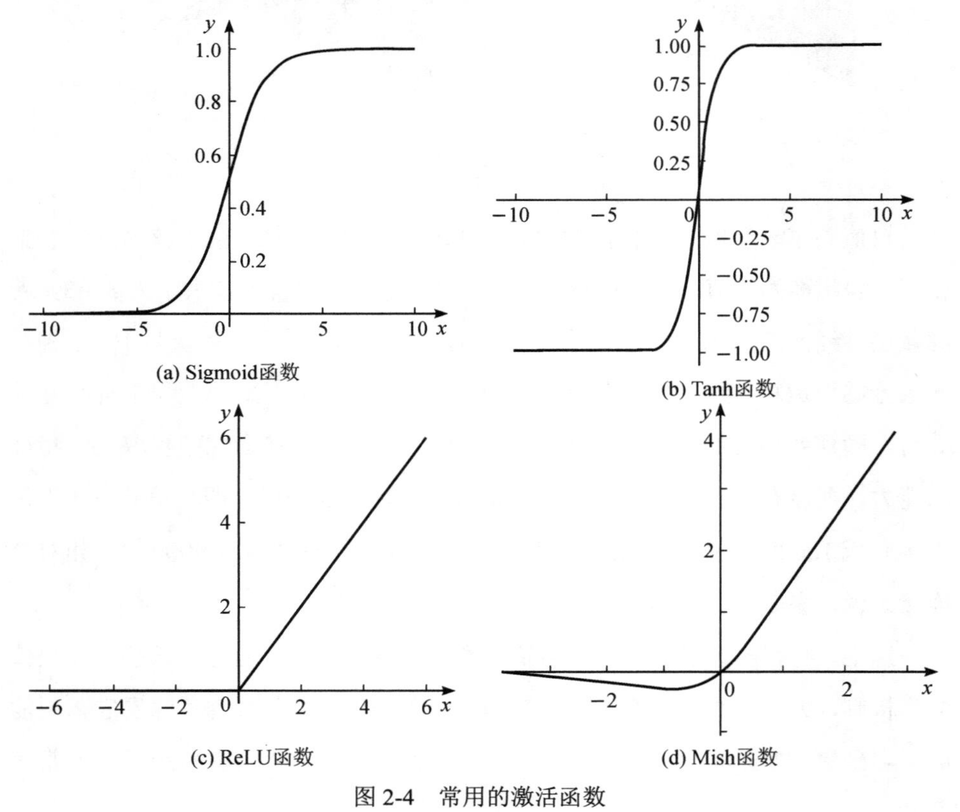

图 2-4 常用的激活函数

Sigmoid 函数能将输入值映射到(0，1)之间，当输入值为较大正值时，输出值趋近于 1，而当输入值为较小负值时，输出值接近于 0，因此该函数也常被表示为概率输出。使用 Sigmoid 函数，当多个卷积层叠加时，若其后每个卷积层的输入值都大于零，那么在网络训练的反向传播过程中，其权值系数均为正或负，使得梯度出现锯齿形振荡，降低了网络收敛速度。

Tanh 函数以原点对称，输入与输出保持相同的变化效果，克服了 Sigmoid 函数不以 0 为中心而导致收敛速度慢的问题，常被用于分类任务。Tanh 函数的不足之处在于当输入值接近零或为负时，函数的梯度变为零，使得网络无法进行反向传播。

ReLU 函数本质上是一个取最大值函数。当输入值为正值时，输出值即为输入值，梯度为常数；当输入值为负值时，输出值为 0，梯度也为 0，即实现“单侧抑制”，这一特性使得在网络层数加深的同时，不会带来梯度消失或弥散问题，并且有选择性地激活，也有利于加快模型的收敛速度，所以 ReLU 函数成为目前使用最广泛的激活函数。ReLU 函数的缺点是当输入值为负值时，则完全不激活，导致神经网络训练时其反向传播过程的梯度一直为 0，参数得不到更新，神经元表现出“死亡”现象。为了改善这一现状，学者们提出了 PReLU、LeakyReLU 等一系列改进方法。

Mish 函数图像是一条光滑的曲线，是非单调函数。通常激活函数曲线越光滑，卷积神经网络可获取到更好、更深层的信息，且泛化性越好，进而得到性能更优的训练模型。Mish 函数的非单调特性，可以让函数在 x 轴以下依旧保留较小的负值，稳定网络梯度流，保证信息不会中断。相较于 ReLU 激活函数，Mish 函数的计算代价大一点，但是在性能上表现更好。Mish 函数的计算公式为

$$\mathrm{Mish}(x)=x\cdot\mathrm{Tanh}[\ln(1+\mathrm{e}^{x})] \tag{2-2}$$

Mish 函数在 YOLO v4 中，与 CSP-Darknet53 骨干网联合使用，极大地提

高了检测的准确性。

2.2.3 池化层

在卷积神经网络中，经过多层叠加的卷积运算后，得到的特征图往往会传递给池化层，如图 2-1 所示。池化层的目的是压缩图像，如输入一幅人脸图，经过卷积层的运算，图像虽然进行了一定尺度的压缩，但仍有大部分图像区域代表着重复的特征，所以需要引入池化层，通过对特征图进行池化，在减小过拟合的同时，减少冗余特征。

池化层使用池化核对输入特征图矩阵进行全局扫描，计算矩阵中的数值。常用的计算方式有两种，最大池化和平均池化。其中最大池化的计算方法就是取池化核覆盖范围下的最大值，图 2-5 中池化核大小为 2 × 2，则 4 × 4 的特征图经过最大池化后的结果如图 2-5 所示；同理，平均池化的计算方法则是取池化核覆盖范围下的平均值。

进行池化运算时，输入数据和输出数据的通道数不会发生改变，计算按通道独立进行。池化操作后图像会丢失一部分特征信息，但无论是最大池化还是平均池化，都不会丢失图像的主要信息。池化层有效地减少了图像特征数量，能够在下一次卷积或者进行全连接判断输入时，加快网络运行速度，避免网络出现过拟合现象。

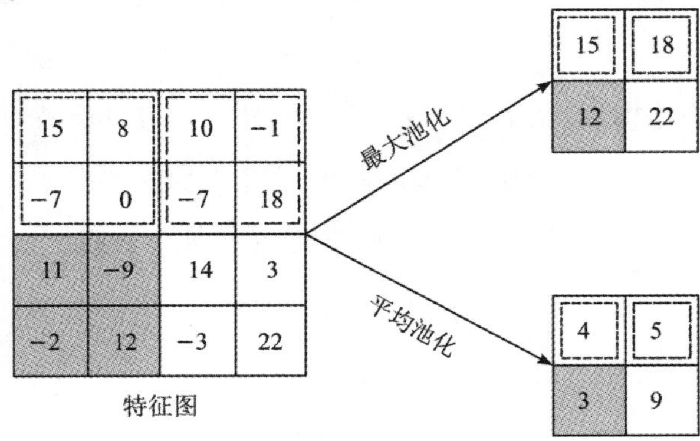

图 2-5 最大池化与平均池化

2.2.4 全连接层

全连接层在整个卷积神经网络中起到“分类器”的作用。通过卷积层、激活层和池化层等操作，可将输入的图像数据映射到高维特征空间，形成特征图，而全连接层则能将学到的“分布式特征表示”映射到样本标记空间，即特征向量。在实际使用中，全连接层一般放置在整个卷积神经网络的末端，它将特征图转化为特征向量，同层互不相连，但层中每个节点与相邻层中的每个节点互相连接。全连接层综合了输入数据中所有的特征信息，并把这些特征信息表示成特征向量，便于网络进行后续的分类与回归任务。全连接层的结构如图 2-6 所示。

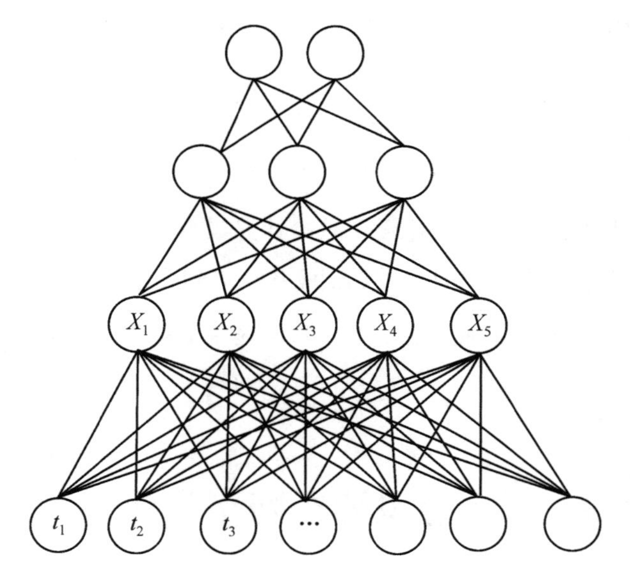

图 2-6　全连接层的结构图

图 2-6 中，X_1、X_2、X_3 为全连接层的输入神经元，t_1、t_2、t_3 为全连接层的输出神经元，它们间的关系为

$$\begin{cases} t_1 = f(w_{11} \times X_1 + w_{12} \times X_2 + w_{13} \times X_3 + b_1) \\ t_2 = f(w_{21} \times X_1 + w_{22} \times X_2 + w_{23} \times X_3 + b_2) \\ t_3 = f(w_{31} \times X_1 + w_{32} \times X_2 + w_{33} \times X_3 + b_3) \end{cases} \tag{2-3}$$

式中：f代表激活函数，$\boldsymbol{w}$是由$\{w_{11}, w_{12}, w_{13}, \cdots\}$组成的权重矩阵，$\boldsymbol{b}$是由$\{b_1, b_2, b_3\}$组成的偏置向量。

在分类任务中，为了输出每个类别的概率，最后一个全连接层通常采用softmax 函数进行分类，也称 softmax 层。在 softmax 函数下，第t_j个神经元的预测概率可表示为

$$\mathrm{softmax}(t_j)=\frac{1}{\sum_{k=1}^{n}\mathrm{e}^{t_k}} \tag{2-4}$$

式中，n表示输出的类别总数。softmax 函数将输入值映射到(0，1)之间，所有类别概率相加和为 1，分类结果取其最大值。

在线性回归任务中，由于线性回归模型本身可看成一个神经元模型，因此网络训练出权重矩阵$\boldsymbol{w}$和偏置向量$\boldsymbol{b}$即可。

综上所述，卷积神经网络中的卷积层首先通过卷积核提取输入图像中的特征信息；随后，激活层利用激活函数增强网络捕捉复杂关系的能力；接着，池化层采用池化核降低特征图的维度，减少计算成本，防止过拟合；最后，全连接层将高维特征图转化为特征向量，完成从特征到类别(分类任务)或数值(回归任务)的映射。整个过程各层协同工作，共同完成复杂的数据处理，进而实现任务目标。

2.3 卷积神经网络训练过程

卷积神经网络的训练可分为两个阶段，即前向传播和反向传播。前向传播时，卷积神经网络将包含目标的特征信息分层提取，得到对应输入图像的特征向量后，通过损失函数计算预测值与真实值之间的偏差。反向传播时，将这种偏差沿着网络逆向往前层传播，同时更新每一层的权重，使损失尽可能趋近于

零。卷积神经网络传播的过程如图 2-7 所示。

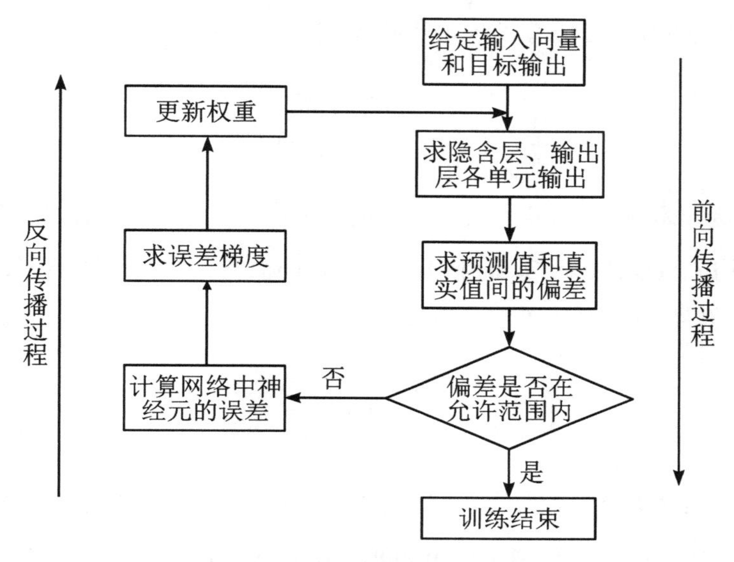

图 2-7　卷积神经网络的传播过程

2.3.1　卷积神经网络的前向传播

卷积神经网络的前向传播主要用于求解网络的预测输出结果，前向传播过程也称为神经网络的推理过程。如图 2-7 中，首先将数据输入模型，通过每层的卷积核对输入数据进行卷积运算，以获取不同尺度的特征信息；再利用激活层和池化层对得到的特征进行非线性激活和降维；最后全连接层输出本次前向传播的预测结果。

卷积神经网络之所以有着很强大的特征提取能力，原因在于神经元之间连接的权重，这些权重在构建网络时一般都会随机化为一组数值。网络有了权重值后，就可以对输入的数据在网络中进行前向传播，最终得到本次推理过程的预测值，可想而知预测值与真实值间的差距很大，并不理想。通常利用损失函数来表示预测值与真实值间的差距，通过不断最小化损失函数，逐步训练出网络中合适的权重值。常见的损失函数主要包括以下三种：

(1) 交叉熵损失函数。在二分类或多分类问题中，通常使用交叉熵作为损失函数。最小交叉熵等价于最小化预测值与真实值的相对熵，其数学表达式为

$$C=-\frac{1}{N}\sum_{i=1}^{N}[y_i'\ln y_i+(1-y_i')\ln(1-y_i)] \tag{2-5}$$

式中，N为样本数量，y_i为第i个数据的预测值，y_i'为第i个数据的真实值。

(2) 均方误差(Mean Squared Error，MSE)损失函数。在回归问题中常用MSE作为损失函数对边界框的位置进行调整，也称为L2损失，其数学表达式为

$$\text{MSE}(y_i,\ y_i')=\frac{1}{N}\sum_{i=1}^{N}(y_i-y_i')^2 \tag{2-6}$$

式中，N为样本数量，y_i为第i个数据的预测值，y_i'为第i个数据的真实值。

(3) 平均绝对值误差(Mean Absolute Error，MAE)损失函数。MAE损失函数用于计算模型预测值与真实值间绝对差值的平均值，也称为L1损失，其数学表达式为

$$\text{MAE}(y_i,y_i')=\frac{1}{N}\sum_{i=1}^{N}|y_i-y_i'| \tag{2-7}$$

式中，N为样本数量，y_i为第i个数据的预测值，y_i'为第i个数据的真实值。

MAE 函数的优点是导数为常值，梯度稳定，不存在梯度爆炸或消失等问题。但由于导数固定，因此又会使得损失函数值较小时的梯度较大，模型难以收敛，且中心点处不连续，求解较为困难。故有学者提出Smooth L_1损失函数，数学模型为

$$\text{Smooth } L_1(x)=\begin{cases}0.5x^2, & |x|<1\\ |x|-0.5, & |x|\geqslant 1\end{cases} \tag{2-8}$$

式中，x为预测值与真实值间的偏差。

在Faster R-CNN及SSD中对边框的回归使用的损失函数都是Smooth L_1，该损失函数能从两个方面限制梯度，当预测框与真实框偏差过大时，梯度值不

至于过大；当预测框与真实框偏差很小时，梯度值足够小。

2.3.2　卷积神经网络的反向传播

为了使网络的预测值更接近真实值，就需要把预测值与真实值间的差距逆向依次“告知”网络中的前层，这一过程就是反向传播。反向传播的原理就是依据网络输出预测值和真实值之间的偏差来不断调整权重，即将偏差从网络的最后一层不断向前一层进行传播，传播过程中会更新每一层的权重值。

假设现在训练一个人脸分类的卷积神经网络，输入图像后逐层向前计算，最终会得到一个预测值，这个值就预测了图像是否包含人脸的概率。由于刚开始网络中每层参数都是随机赋予的，因此输出值会和真实值差距很大，此时可把输出值与真实值间的偏差，从最后一层开始逐层向前传播，同时调整各层的参数，若偏差为负，就增加权重值，若偏差为正，就减少权重值。在一次次前向传播和反向传播的过程中，网络就能给出越来越理想的输出，直到输出十分接近真实结果为止。反向传播的过程如图 2-8 所示。

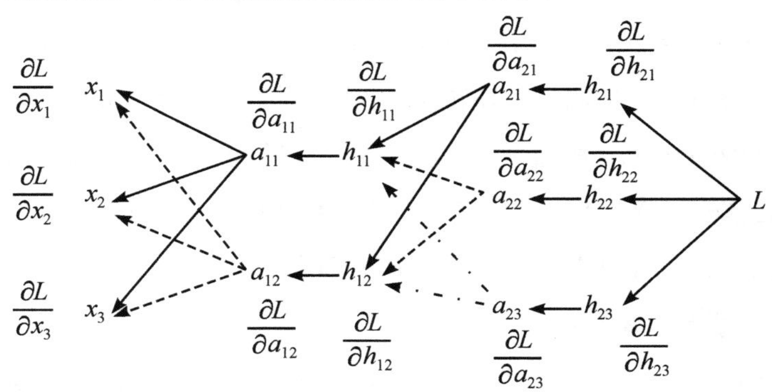

图 2-8　反向传播过程示意图

图 2-8 中，x_i 为输入特征，a 为输出值，h 为 a 经过激活函数的输出值，L 为前向传播输出的预测值。反向传播开始时，首先计算 L 和真实值之间的偏差，然后通过求偏导$\partial L/\partial h$、$\partial L/\partial a$ 将偏差向前传给 a_{2i} 层，并更新该层的权重参数，以此类推，完成整个网络的反向传播。

综上所述，卷积神经网络的训练过程为：首先从输入层获取输入数据，中间层负责计算，输出层给出预测值；然后依据预先定义的损失函数，计算预测值与真实值的偏差，把偏差进行反向传播，计算每一层的偏导数，并沿着梯度的反方向，更新每一层神经元的参数；重复以上输入数据正向传播和损失反向传播过程，不断迭代更新参数，直至偏差不再减小或者达到某个阈值为止。

2.3.3 训练过程中的优化技术

卷积神经网络在训练过程中会采用多种技术手段，来帮助网络快速缩小预测值与真实值间的差距，即加快网络收敛，防止出现过拟合，提升网络整体的泛化性能。本节主要简述几种常见的优化技术。

1. 梯度下降算法

梯度下降算法是目前卷积神经网络优化最常用的算法，其本质就是最小化目标函数。在各个深度学习库中都有多种梯度下降算法的实现，较为常见的梯度下降算法有批量梯度下降(Batch Gradient Descent，BGD)、随机梯度下降(Stochastic Gradient Descent，SGD)、小批量梯度下降(Mini-Batch Gradient Descent，MBGD)、动量随机梯度下降、自适应矩估计(Adaptive Moment Estimation，Adam)等。不同优化算法在使用数据量方面存在差别，具体选择哪种优化算法，通常从训练精度以及更新时间两个方面来考量。

1) 批量梯度下降算法

批量梯度下降算法在每次迭代时，使用所有样本进行梯度更新，即每次迭代都要计算全部训练样本所处的梯度，因此其梯度估计值较为准确，优化路径相对平滑且直接。批量梯度下降算法的优点是：对于凸面误差曲面，可以保证收敛到全局最小值，对于非凸面误差曲面，可以保证收敛到局部最小值；缺点是：对于大规模数据集需要大量的梯度计算，而梯度下降又可能非常缓慢，会消耗大量内存，对算力要求也比较高。因此批量梯度下降算法在实际应用中较少。

2) 随机梯度下降算法

随机梯度下降算法首先将训练样本划分为若干个小的训练样本，然后通过更新单个小的训练样本的损失值和梯度，来近似替代整个样本的损失值和梯度，由于不需要计算整个数据集的梯度，从而大大减少了计算量，加快了训练速度。目前郭晓丽[56]已经证明，当减小学习率时，随机梯度下降算法可以保证在凸误差函数中收敛到全局最小，在非凸函数中收敛到局部最小。考虑到该算法在实际网络训练中的不俗表现，本书在后续章节的实验中也将采用此方法进行梯度优化。

3) 小批量梯度下降算法

小批量梯度下降算法是批量梯度下降算法和随机梯度下降算法之间的一种折中方案。在每次参数更新时，小批量梯度下降算法从训练集中随机选择一定数量的样本(即批量大小)来计算梯度，并据此更新模型参数。这种方法结合了批量梯度下降和随机梯度下降的优点，既提高了计算效率，又保持了梯度更新的稳定性。

4) 动量随机梯度下降算法

为了加速收敛并提高精度，减少收敛过程中的振荡，通常会在随机梯度下降算法中加上一个介于 0 到 1 之间的动量。这种动量是模仿物理学中物体动能与势能间能量的转换，当动量越大时，其动能也就越大，动能转化为势能的能量也就越大，因此损失函数摆脱局部束缚的可能性就越大。动量随机梯度下降算法是 SGD 的一种改进版本，动量项的引入可帮助 SGD 在连续几次迭代中沿相同方向累积更新，即提供了一种“冲力”，使得算法在穿越损失函数的“狭窄山谷”或绕过局部最小值点时特别有用，减少振荡并加速收敛过程。

5) 自适应矩估计算法

自适应矩估计算法结合了动量随机梯度下降算法的优点，能够自动调整学习率，对不同参数提供个性化的学习率，从而加速训练过程并提升模型的收敛性能。自适应矩估计算法使用动量的概念来平滑梯度更新的方向，即求出动量的移动平均值 m_t(通常被称为一阶矩估计均值)，同时使用平方梯度移动平均值 v_t (通常被称为二阶矩估计偏心方差)，具体计算公式为

$$\begin{cases} m_t = \beta_1 m_{t-1} + (1-\beta_1)\delta_t \\ v_t = \beta_2 v_{t-1} + (1-\beta_2)\delta_t^2 \end{cases} \tag{2-9}$$

式中，m 表示参数梯度的一阶矩估计值，β_1表示参数梯度的一阶矩估计值的系数，一般取值为 0.9；v 表示参数梯度的二阶矩估计值，β_2表示参数梯度的二阶矩估计值的系数，一般取值为 0.999；t 表示当前迭代次数，δ 表示当前梯度。

由于 m_t、v_t 都需被初始化为向量，Adam 需要对 m_t、v_t 的偏差进行修正，以消除初始阶段的影响，具体的修正公式为

$$\begin{cases} m_t' = \dfrac{m_t}{1-\beta_1^t} \\ v_t' = \dfrac{v_t}{1-\beta_2^t} \end{cases} \tag{2-10}$$

根据修正后的一阶矩估计值和二阶矩估计值，Adam 的参数更新计算公式为

$$\theta_{t+1} = \theta_t - \frac{\eta}{\sqrt{v_t'} + \varepsilon} \times m_t' \tag{2-11}$$

式中，θ 表示待优化的参数，η 为学习率，ε 是一个很小的参数，用于避免分母为 0 的情况。

Adam 结合了动量随机梯度下降算法的优势，在计算一阶矩估计值和二阶矩估计值时引入了修正因子，使得收敛速度更快，可以很好地解决梯度噪声过大或稀疏带来的问题，对超参数的鲁棒性更好，在实际应用中被广泛使用。本

书在网络训练过程中也采用 Adam 来进行实验。

不管选用哪种梯度下降算法，都是计算损失函数关于参数向量的局部梯度，同时沿着梯度下降的方向进行多次迭代，当梯度值接近零时，即找到了损失函数的最小值，进而能得出最佳的参数取值。

2. 批标准化

批标准化(Batch Normalization，BN)是一种在深度学习领域广泛使用的优化技术，其主要目的是提高神经网络的训练速度、稳定性和泛化能力。神经网络在对数据训练学习时，上一网络层参数变化会导致下一层输入数据的分布发生变化，使得训练过程变得更加复杂，耗费的时间和资源也更多。为了解决此问题，许多学者提出在神经网络中加入 BN 层，将输入数据的分布转换成均值为 0、方差为 1 的正态分布，具体的步骤如下：

第一步，计算每个批次中输入 x_i 的均值：

$$\mu_\beta = \frac{1}{m}\sum_{i=1}^{m} x_i \tag{2-12}$$

式中，m 为每个批次输入 x_i 的个数。

第二步，计算每个批次中输入 x_i 的方差：

$$\sigma_\beta^2 = \frac{1}{m}\sum_{i=1}^{m}(x_i - \mu_\beta)^2 \tag{2-13}$$

第三步，使用得出的均值和方差，对该批次输入数据做标准化处理，获得 0-1 的分布：

$$\hat{x}_i = \frac{x_i - \mu_\beta}{\sqrt{\sigma_\beta^2 + \varepsilon}} \tag{2-14}$$

式中，ε 是一个很小的常数，用于保证分母数值的稳定性。

第四步，对输入 x_i 进行平移和缩放，引入可学习的缩放因子 γ 和偏移量 β，使得模型可以学习到前一层网络的特征分布：

$$y_i = \gamma\hat{x}_i + \beta \equiv \mathrm{BN}_{\gamma,\ \beta}(x_i) \tag{2-15}$$

批标准化的作用是对输出数据进行归一化缩放，然后再进行偏移，以便调节输出数据的分布，从而使得梯度可以有效传播，中间层参数也可以得到有效的更新；同时，批标准化对输入数据的数量级不敏感，有加速模型收敛及微弱正则化等优点，已成为卷积神经网络中不可或缺的模块。

3. 随机失活

随机失活是一种常用的正则化技术，广泛应用于深度卷积神经网络中。在前向传播过程中，按照一定的概率(通常称为丢弃率)，随机选取一部分神经元将其输出值设置为 0，然后对剩余的神经元进行训练，这就是随机失活。采用随机失活技术，减少了前向传播过程中的神经元数目，从而降低了神经元之间的相互依赖；由于神经元是随机选取的，意味着在每一次迭代中，网络结构都是动态变化的，这种动态结构相当于训练了多个不同的网络模型，能让网络模型学习到新的特征，从而有效降低网络模型的过拟合。

由于随机失活每次忽略的节点都不同，因此权值的更新不再依赖于有固定关系隐含节点的共同作用，阻止了某些特征仅仅在其他特定特征下才有效果的情况发生；同时在缺失部分神经节点情况下，网络也能正常识别，提高了网络的识别抗干扰能力。

4. 正则化

正则化是深度学习中用来防止过拟合的一项技术，通过在卷积神经网络模型的损失函数中添加一个正则项(也叫惩罚项、约束项等)来实现。这个正则项通常是网络模型权重的函数，其目的是限制模型参数的大小或复杂度，从而减少模型对训练数据的过度拟合，并提高模型在未见数据上的泛化能力。

正则化有多种类型，其中最常见的是 L1 正则化和 L2 正则化。L1 正则化使用曼哈顿距离，即所有权重的绝对值之和作为正则项；L2 正则化使用欧几里得距离，即所有权重平方和的平方根作为正则项，其计算公式为

$$\|W\|_2=\sqrt{\sum_{i=1}^{n}W_i^2} \tag{2-16}$$

实际应用中，为了方便计算，通常不取根号，把 L2 正则化作为损失函数的一个额外组成部分，公式为

$$L=L_0+\frac{\lambda}{2N}\sum W^2 \tag{2-17}$$

式中，L_0 为网络初始的损失函数，λ 为正则化系数，$\frac{1}{2N}\sum W^2$ 为 L2 正则项。L2 正则项由网络中权值参数 W 的平方和，除以样本总数 N，最后乘 1/2 正则项系数构成。乘 1/2 是为了方便计算，因为乘 1/2 后可以与 W 求导时产生的常数 2 约掉。

与 L1 正则化相比，L2 正则化使网络更倾向学习权重较小的特征，没有删除那些价值不高的特征，而是给它们以较低的权重，因此获得了尽可能多的信息，增加了多个维度上特征的利用，使得训练出来的模型鲁棒性更强，泛化性也更好。

综上所述，通过前向传播获取预测值与真实值间的偏差，在反向传播过程中更新权重矩阵，同时结合梯度下降优化策略加速训练过程，解决了训练过程中出现的梯度爆炸(或梯度弥散)现象，帮助模型具有强的鲁棒性；引入批标准化、随机失活及正则化等技术，减少模型出现过拟合的风险。在这些方法的共同作用下，卷积神经网络在计算机视觉领域上的表现超过了传统的神经网络。

2.4 经典卷积神经网络模型

随着深度学习的发展，卷积神经网络如 AlexNet、VGGNet、ResNet、SENet 等不断被提出，网络结构在宽度和深度上得到扩展，网络整体的表征能力也进一步增强。

2.4.1 AlexNet

2012 年多伦多大学 Geoff Hinton 实验室，Krizhevsky 等设计了一个深层的卷积神经网络 AlexNet，使用该网络对 128 万张图像进行分类，在 1000 个类别中，分类的准确率大大超过其他算法，从而将深度卷积神经网络的研究推向高潮。AlexNet 网络包括 5 个卷积层、3 个最大池化层和 3 个全连接层，网络结构如图 2-9 所示。

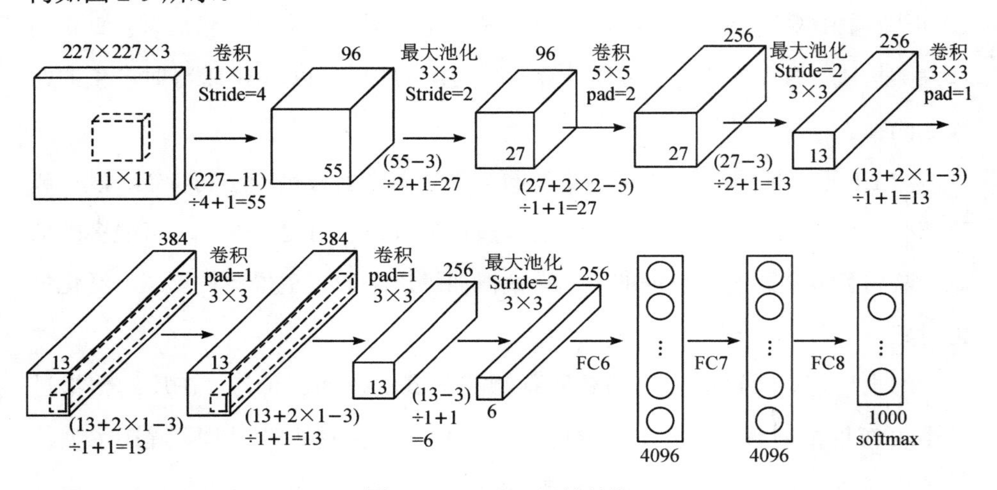

图 2-9 AlexNet 网络结构

AlexNet 对输入图像共进行了五次卷积池化操作，来提取输入图像中的特征。第一次卷积池化操作的过程为：首先对输入 227 × 227 × 3 的图像进行卷积，使用 96 个 11 × 11 × 3 的卷积核进行特征提取，通过 ReLU 后对数据进行局部响应规范化操作，得到 55 × 55 × 96 的特征图；接着使用 3 × 3 的最大池化核，下采样后得到 27 × 27 × 96 的特征图。在该过程中采用最大池化，且步长值比池化核的尺寸小，这样池化层输出间会有特征重叠与覆盖，减少了特征信息的丢失。第二次卷积池化操作的过程为：对 27 × 27 × 96 的特征图进行卷积，使用 256 个 5 × 5 的卷积核进行特征提取，通过 ReLU 后对数据进行局部响应规范化操作，得到 27 × 27 × 256 的特征图，再使用 3 × 3 最大池化核，下采样后得到 13 × 13 × 256 的特征图。第三次卷积池化操作和第四次卷积池化操作过程，均采用 384 个 13 × 13 的卷积核进行特征采样，无局部响应规范化操作和池化层下采样，得到 13×13 × 384 的特征图。第五次卷积池化操作过程为：使用 256 个 3 × 3 的卷积核，进行特征提取，使用 3 × 3 最大池化后最终得到 6 × 6 × 256 的特征图。

AlexNet 中全连接 FC6 使用了 4096 个神经元，将 256 个 6 × 6 的特征图转化为 1 阶向量后进行权重运算，得出 4096 个神经元点；再经过一个全连接 FC7 的权重矩阵运算后，得出新的 4096 个神经元节点，最后连接 softmax 分类器，最终对应 1000 种分类中的某一类。

AlexNet 主要从以下方面进行了改进。

(1) 首次在全连接层中引入随机失活策略，以一定概率(如 p = 0.5)使得某些神经元不再参与前向传播和反向传播，有效地缓解了模型过拟合问题。

(2) 采用激活函数 ReLU 代替传统激活函数 Sigmoid 和 Tanh，有效增加前向传播和反向传播的速率，在增加网络稀疏性的同时，减少了梯度消失现象的出现，较好地规避过拟合现象。

(3) 采用局部响应规范化操作，相对增大反馈较大神经元，抑制响应较小的神经元，提升图像分类识别的泛化能力和分类识别性能。

总的来看，AlexNet 通过随机失活、ReLU 激活函数、局部响应规范化操作，以及 GPU 并行计算加快网络参数训练等方式，使得整个网络表现出优异性能，成为日后众多网络优化的基准参考。同时，随着 AlexNet 网络在图像分类中的成功应用，使得计算机视觉从业者从传统的特征工程中解脱出来，转向思考如何从数据中自动提取特征，真正实现数据驱动下的图像识别与分类。

2.4.2 VGGNet

2014 年牛津大学视觉几何组提出了一种深层次的网络模型 VGGNet。

VGGNet 继承了 AlexNet 的许多特性，也是使用多个卷积层来提取图像特征，池化层进行下采样降维，再连接多个全连接层实现结果的分类输出；它同时拥有鲜明的特色，即网络层次较深，图 2-10 是 VGG-16 的网络结构。

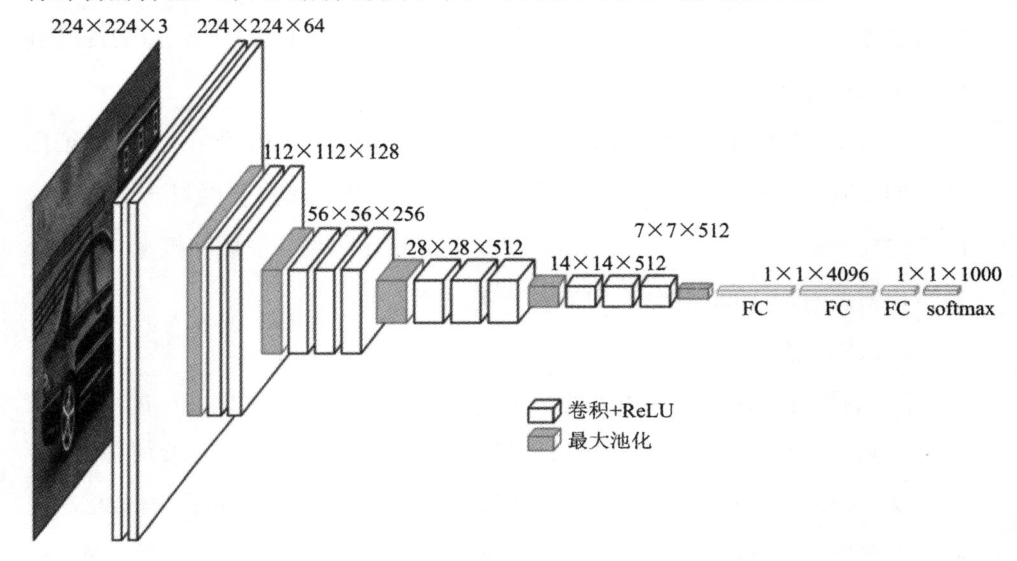

图 2-10 VGG-16 网络结构

VGGNet 对输入图像的处理过程与 AlexNet 类似。以 VGG-16 为例，将输入图像经过两层 64 个 3 × 3 × 3 卷积运算后，得到 224 × 224 × 64 的模块层，经步长为 2、池化核大小为 2 × 2 的下采样后，得到 112 × 112 × 128 的特征图，如图 2-11 的第 1 次卷积池化过程所示。在第 1 次卷积池化过程中，Size 表示本阶段的图像尺寸，3 × 3 表示卷积核大小，Conv 表示卷积操作，Pool 表示池化操作，/2 表示步长为 2、池化核大小为 2 × 2。以此类推，经过第 5 次卷积池化后得到 7 × 7 × 512 的模块结构，矩阵变化后得到 25 088 个特征参数，再连接两层 4096 神经元和一层 1000 神经元的全连接层，得到最终的分类结果。

从图 2-11 可看出，VGGNet 进一步拓展了传统卷积神经网络，相较于 AlexNet，VGGNet 的突出特点包括以下方面。

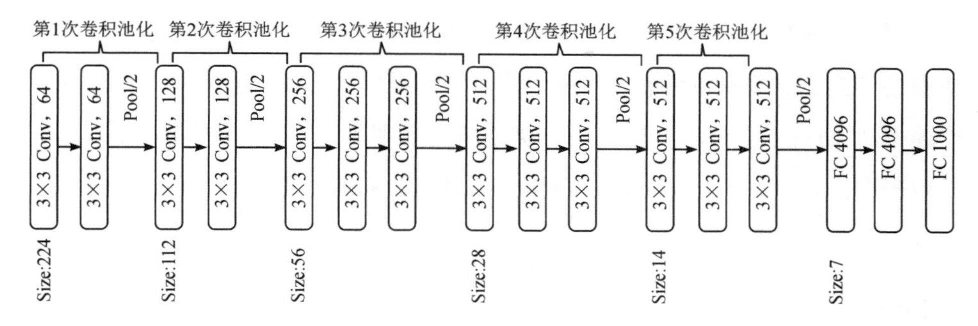

图 2-11　VGG-16 执行过程

(1) 网络结构精练。VGGNet 中每个网络都由 5 段卷积结构(每段包含 2～4 个卷积层)、5 个池化层、3 个全连接层 FC 和 1 个 softmax 分类层组成，通过一系列的卷积与池化，不断进行局部特征提取与降维采样，使用 3 个全连接层来综合卷积层提取的图像特征，最后经 softmax 分类器输出分类结果。

(2) 使用 3 × 3 的小卷积核。多个小卷积核串联(如 2 个 3 × 3)后与一个大卷积核(如 1 个 5 × 5)具有相同的感受野，且串联多个小卷积核可减少网络参数的数量，增加非线性单元，提升模型的拟合能力。

(3) 使用 2 × 2 的小池化核。VGGNet 采用 2 × 2 的最大池化，经过卷积后提取的特征信息，在相邻区域存在相似性，由于这些相似性的特征是可以互相取代的，因此使用 2 × 2 的最大池化下采样后可减少冗余信息，加快模型的计算速度。

(4) 更多的卷积核增加了特征图的通道数。图 2-10 中，第一次卷积操作使用 64 个卷积核，通道数变为 64，以后每次卷积操作使用的卷积核翻倍，那么通道数也翻倍，最多达 512 个通道，使得特征提取更全面。

(5) 数据增强。VGGNet 使用了多尺度检测技术，即将原始图像缩放为不同尺寸后，随机裁剪出 224 × 224 的 RGB 图像，扩大了输入图像数据集的多样性。

综上所述，VGGNet 网络结构设计简单直观，易于理解和实现，促进了深度学习技术的普及；VGGNet 证明了反复堆叠小卷积核 3 × 3 的效果，优于直接使用大卷积核，且多层非线性单元层的堆叠既可以有效提升网络深度，又能使网络学到更加复杂的特征且减少计算代价，在单个 GPU 训练中，VGGNet 的错误率比 AlexNet 下降了 7%，在分类任务上表现优异；目前，VGGNet 仍被广泛用于图像特征提取。VGGNet 使用参数较多，内存占用大，虽然准确率得到提升，但是计算复杂，耗时长。

2.4.3 ResNet

残差网络 ResNet 是卷积神经网络史上的一座里程碑。学术界很早就提出“深度学习”的概念，但在残差网络出现之前，最深层的网络 GooLeNet 也只有 22 层，与所认知的“深层”相差甚远。网络越深，常被认为能提取出更复杂的特征，展现更优秀的性能；然而当卷积神经网络加深到一定程度时，却要面对一个新的挑战——退化问题，即随着卷积神经网络深度的增加，网络性能不会再改善，甚至开始下降。为了解决退化问题，何恺明博士借助恒等映射思想，提出了残差学习的方法。残差块是 ResNet 最核心的部分，残差块结构如图 2-12 所示。

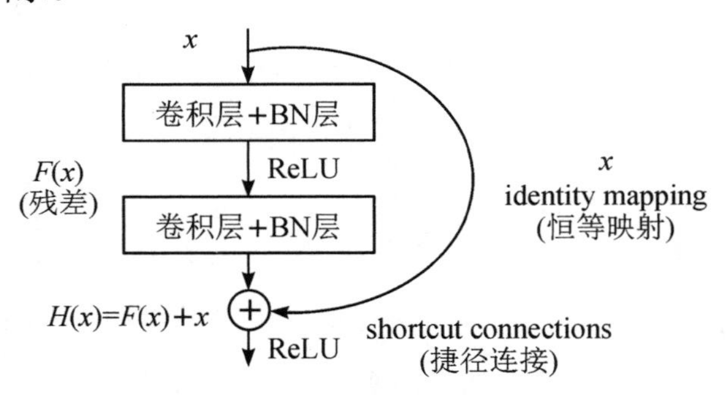

图 2-12　残差块结构

图 2-12 中输入的是 x，预期输出 $H(x)$，则变换式为

$$H(x)=F(x)+x \tag{2-18}$$

当 $F(x)=0$ 时，$H(x)=x$，即恒等映射，表示将输入 x 直接跨越一层或多层作为输出，这样至少网络性能不会下降，故不需要担心误差在反向传播过程

中的消失问题。

当 $F(x) \neq 0$ 时，$F(x) = H(x) - x$，即输出与输入的残差，残差块的计算公式为

$$H(x) = F(x, \{W_i\}) + x \tag{2-19}$$

若 x 与 $F(x)$ 维度相同，则 $H(x) = F(x) + x$；若维度不同，则 $H(x) = F(x) + Wx$，其中 W 为卷积操作。

残差块主要有两种结构，如图 2-13 所示。一种是将两个 3 × 3 卷积层串接构成的残差块；另一种是将 1 × 1、3 × 3、1 × 1 三个卷积层串接，构成的残差块，其中第一个 1 × 1 卷积核把 256 维通道降到 64 维，最后再经过第二个 1 × 1 卷积核恢复到原通道，这样做主要是为了减小计算量。ResNet 有多种层次的网络模型，如 ResNet34、ResNet50、ResNet101、ResNet152 等，数值越多，表明层次越多、网络模型越深。在深度 ResNet 中，主要使用第二种残差块，如 ResNet50、ResNet101、ResNet152，而 ResNet34 则使用第一种残差块。

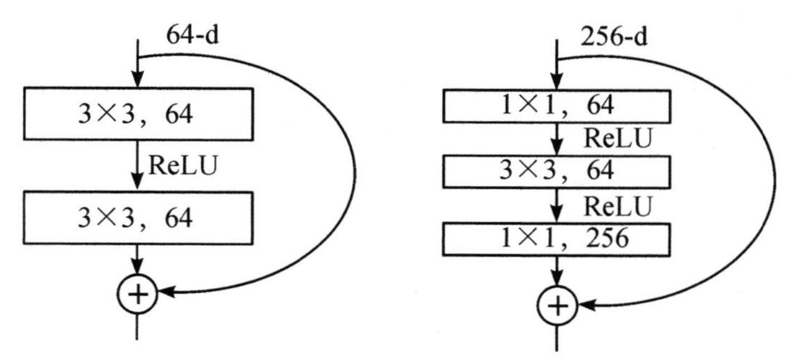

图 2-13　ResNet 中的不同残差块

由图 2-13 可知，ResNet 不再是简单的堆积层数，而是对网络结构进行了创新，解决了随着网络深度增加而识别效率下降的问题。利用残差块，理论上可以构建极深的网络模型，但 ResNet 难以回避参数量较大以及训练时间较长的问题。

2.4.4 SENet

在深度学习的发展过程中，AlexNet、VGGNet、ResNet 等在图像识别任务上取得了显著进展，但在处理特征通道方面较为欠缺。虽然神经网络学习到了图像的特征来进行分类，但这些特征在神经网络“眼里”没有差异，神经网络并不会过多关注某个“区域”。在此背景下，许多学者将注意力机制引入神经网络中。注意力机制本质上与人类对外界事物的观察机制类似，即当人们在观察外界事物时，首先会倾向于观察某些比较重要的局部信息，然后再把不同区域的信息组合起来，从而对被观察事物形成一个整体印象。

受注意力机制的启发，研究者们将其引入图像处理领域，从图像特征维度出发，按照通道和空间维度提出了空间注意力机制、通道注意力机制和混合注意力机制。SENet(Squeeze-and-Excitation Network)是一种常用的通道注意力机制，是由 Hu 等在 2017 年 9 月提出的，并在当年的 ILSVRC 中获得冠军，受到了众多学者和工业界的广泛关注。

SENet 的核心在于 SE 块。SE 块通过建立特征通道间的依赖关系，自适应地重新校准通道维度上的特征响应，提升了提取特征表示的质量。具体而言，SE 块首先通过全局平均池化来“挤压”空间信息，转化为通道描述符；接着通过两个全连接层组成的“激励”过程来学习通道间的相关性，并生成每个通道的权重；最后，这些权重被用于重新校准网络的特征响应，执行过程如图 2-14 所示。

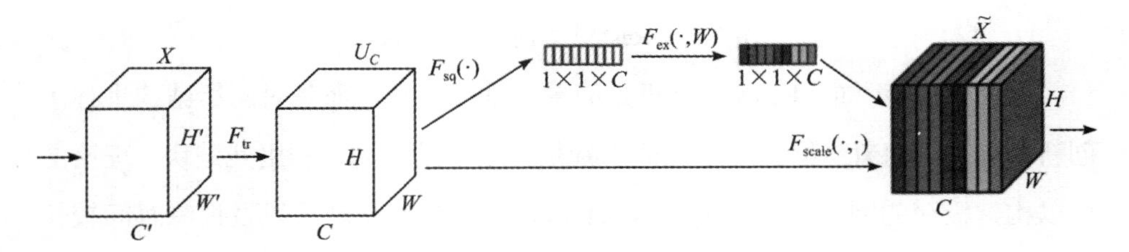

图 2-14 SENet 执行过程

图 2-14 中，H'、W' 和 C' 表示原始特征图 X 的高、宽和通道数，H、W 和 C 是经过 F_{tr} (表示给定网络下的特征提取)后形成的特征图 U_C 的高、宽和通道数，F_{sq}、F_{ex}和F_{scale}分别是指对特征图进行压缩、特征提取及张量拼接操作，$\tilde{X}$表示完成特征重标定后的特征图。SENet 的主要执行过程如下：

(1) 特征转换。SE 块使用一组卷积操作，将输入 X 变为输出 U_C，转换过程可表示为

$$F_{\text{tr}}: X \to U_C \qquad X \in R^{H' \times W' \times C'}，\ U_C \in R^{H \times W \times C} \tag{2-20}$$

式中，R 为特征空间，F_{tr}表示卷积操作，即训练学习到的卷积核 $V=[v_1，v_2，\cdots，v_C]$，v_C 表示第 C 个卷积核。F_{tr}的输出 $U_C=[u_1，u_2，\cdots，u_C]$可表示为

$$u_C = v_C * X = \sum_{s=1}^{C'} v_C^s * x^s \tag{2-21}$$

式中，*表示卷积，v_C^s为二维空间卷积，表示 v_C 的某一通道 s，作用于原始特征图 X 的相应通道 s 上。由于输出是通过所有通道的求和产生的，通道间的依赖关系会隐式地嵌入到 U_C 中，并且与卷积核捕获的局部空间相关性纠缠在一起，因此通过卷积建模的通道关系本质上是局部的。

(2) 压缩。由于卷积只在局部区域内操作，特征图 U_C 很难获得足够信息来提取通道间的关系，因此 SENet 提出了压缩方法，即使用全局平均池化将一个通道的全局空间信息压缩为一个描述因子，计算公式为

$$Z = F_{\text{sq}}(U_C) = \frac{1}{W \times H} \sum_{i=1}^{W} \sum_{j=1}^{H} U_C(i，j) \tag{2-22}$$

通过公式(2-22)得到特征图的全局特征 Z 之后，接下来进行激励操作。此操作涉及各个通道间的非线性关系，因此采用 Sigmoid 函数的输出来控制通道的开关状态。当 Sigmoid 取值为 0 时，输出为 0，即关闭状态；取值为 1 时，任何向量与之相乘，输出都不改变，即为开启状态，可表示为

$$S_C = F_{\text{ex}}(Z，W) = \sigma\left[g(Z，W)\right] = \sigma\left[W_2 \delta\left(W_1 Z\right)\right] \tag{2-23}$$

式中，$W_1 \in R^{\frac{C}{r} \times C}$为特征空间 R 中降维层的权重参数，$W_2 \in R^{C \times \frac{C}{r}}$为特征空间 R 中升维层的权重参数，r 为降维系数(作者认为 r 取值为 16 时效果较好)，$\sigma(x) = \frac{1}{1+\mathrm{e}^{-x}}$为激活函数，$F_{\mathrm{ex}}$ 为激励操作，$\delta(x) = \max(0,\ x)$为 ReLU 激活函数。

具体实现是，首先用 W_1 与 Z 相乘，即第一个全连接层降维操作，经过 ReLU 激活函数，输出维度保持不变；然后再与 W_2 相乘，即第二个全连接升维操作，最终保证 SENet 前后特征图的尺寸不变。

(3) 特征拼接。激励操作的输出值表示了特征通道的重要程度，将该值加权到原来的特征通道上，就实现了特征的重标定，计算公式为

$$\tilde{X} = F_{\mathrm{scale}}(U_C,\ S_C) = S_C \cdot U_C \tag{2-24}$$

式中，S_C 是在激励操作阶段学习到的各通道的输出权重。

从 SENet 的执行过程可知，SE 块能够自动学习并调整不同特征通道的重要性，从而增强了对关键特征的使用，抑制对当前任务贡献不大的特征，虽然增加了一点计算量，但由于其轻量级的设计(主要由全局平均池化和几个全连接层组成)，对整体计算资源的需求增加不多，性价比高。SE 块作为一种插件式结构，可非常方便地嵌入其他骨干网络中，无需对原网络结构做大幅修改，就能获得性能提升，这使得 SENet 不仅在图像分类任务上表现出色，还成功应用于目标检测、语义分割等多种计算机视觉任务中，显示了其良好的通用性。当然 SENet 并不是没有缺陷，它通过全局上下文获取每个通道的注意力权重，以此关注对任务贡献度较大的通道，然而利用注意力权重对通道进行融合时，却无法充分利用全局上下文信息。

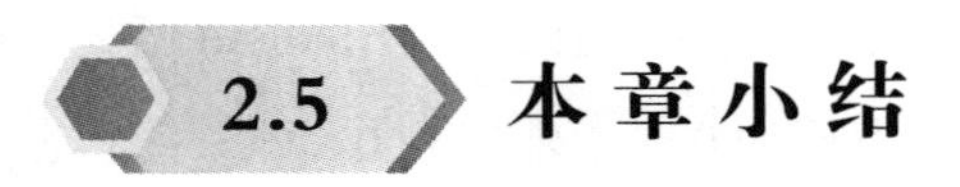

2.5 本章小结

本章首先围绕卷积神经网络的理论基础，简述了卷积神经网络的发展史；

然后描述了卷积神经网络的组成(包括卷积层、激活层、池化层和全连接层)，以及各组成部分的具体实现过程；接着针对卷积神经网络的训练过程(前向传播和反向传播)，介绍了训练过程中常用的优化方法如梯度下降算法等，指出使用批标准化、随机失活、正则化等技术，可加快网络在训练过程中的收敛速度，有效防止出现过拟合现象；最后以经典的网络模型 AlexNet、VGGNet、ResNet、SENet 为例，分别阐释了它们的执行过程，以及不同模型结构的优缺点，为后续章节的研究打下基础。

第 3 章

人脸检测常见网络模型

近年来，随着深度学习技术的快速发展，基于 CNN 涌现出大量人脸智能检测网络模型，如双阶段目标检测网络、单阶段目标检测网络、级联人脸检测网络等，使得人脸检测的准确率逐步提高。

3.1 相关术语

3.1.1 锚框

在目标检测中，常用边界框 BBox 来描述对象的空间位置。边界框一般用矩形框表示，常见的格式有两种：一种是$(x_1，y_1，x_2，y_2)$，其中$(x_1，y_1)$是矩形框的左上角坐标，$(x_2，y_2)$是矩形框的右下角坐标；另一种是$(x，y，w，h)$，其中$(x，y)$是矩形框的中心点坐标，w 是矩形框的宽度，h 是矩形框的高度，本书采用第二种。边界框通常分为真实边界框(简称真实框)和预测边界框(简称预测框)两类。

锚框与边界框不同，是人们假想出来的一种框。特征图上的每个点可以认为是一个锚点，在锚点处可以预先设置大小不同、尺寸不同的锚框(见图 3-1)，然后判断锚框内是否有目标物体，并预测出锚框相对于真实框的偏移量，再利用偏移量来修正锚点处的锚框，从而获得较为精确的预测框。锚框要根据具体的检测任务来设计，并考虑密度、大小、形状、数量，以保证全面覆盖目标物体。

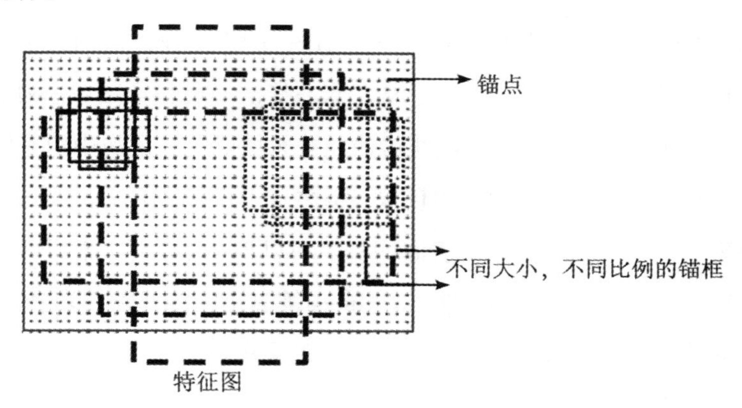

图 3-1　锚框示意图

在目标检测任务中，常常将产生的锚框作为候选框，和目标的真实框进行对比，最终选出与真实框重合度最高的那个锚框，进行微调后作为图中预测位置的边界框。锚框最早出现在 Faster R-CNN 中，在 SSD 中被称为 Default Box，本质上都是在图像的各个位置上，铺设不同长宽比的方框。锚框常用的比例有 1:1、1:2 和 2:1，框中常用像素量为 32、64 和 128，所规定的比例、尺度需要尽可能地覆盖场景下所有潜在的物体。

预测框与真实框间的重合度，通常采用交并比 IoU 来衡量。IoU 的计算公式为

$$\text{IoU} = \frac{\text{预测框} \cap \text{真实框}}{\text{预测框} \cup \text{真实框}} \tag{3-1}$$

常用阈值有 0.5 和 0.7，若 IoU 大于或等于阈值，则该锚框便可以用于预测目标；若 IoU 小于阈值，则认为该锚框预测错误，需要剔除。

3.1.2　候选区域

候选区域是指在输入图像上通过某种方法生成大量可能包含目标物体的

区域。把候选区域包围起来的边界框称之为候选框。卷积神经网络在候选区域提取图像特征，并对这些候选框进行进一步的筛选和调整，从而获得最终的检测框。在目标检测领域常用的候选区域生成方法有以下几种：

(1) 滑动窗口法。滑动窗口法也叫遍历法，即手工设置不同大小、不同长宽比的窗口，以一定步长从上到下、从左到右依次遍历整幅图像，列举出所有目标物体可能出现的区域。该方法获得的候选区域能覆盖图像中所有的潜在目标物体，能有效避免模型出现漏检现象，但生成过程漫无目的，候选区域数量多且重叠率高，计算量巨大，耗费时间长，所以该方法的实用性不高。

(2) 选择性搜索算法。2013 年由 Uijlings 等提出的选择性搜索 SS 算法，核心思想是先通过一些图像分割算法，将输入图像初始化为很多小区域，再依据颜色、纹理、形状等特点判断区域间的相似性，将相似度最高的两个区域合并；然后持续进行以上步骤，直至最终图像中只有一个区域。通过 SS 算法可以将数十万个候选区域(使用滑动窗口法获得的)减少到 2000 个左右，大大降低模型的运算量，有效提升检测速度。

(3) 神经网络生成法。2015 年 REN 等在提出的 Faster R-CNN 网络中，设计了区域候选网络 RPN，其头部结构如图 3-2 所示。RPN 可直接通过 CNN 来生成候选区域，能让模型在提取图像特征的过程中完成候选区域的生成。

RPN 可以将任意大小的特征图作为输入，以人为预先设定的具有固定大小和长宽比的，类似于滑动窗口的一个小卷积核(如图 3-2 中的黑色粗框)的中心为准，生成不同形状、比例的候选框，这种方法被称为候选区域生成网络。当特征图的尺寸为 $W \times H$ 时，RPN 得到 $W \times H \times K$ 个候选区域。在 Faster R-CNN 中 K 设为 9，分别表示 3 种尺寸(128^2、256^2 和 512^2)和 3 种长宽比(1:1、1:2 和 2:1)，这些候选区域都会用于后续的分类和回归。如今 RPN 已逐渐替代滑动窗口法、选择性搜索算法等传统方法，成为许多网络的重要组件。

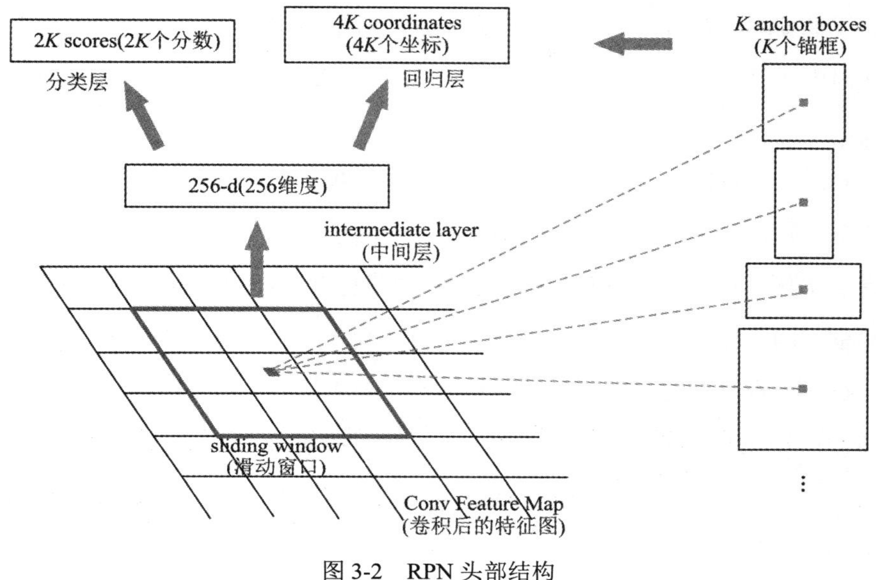

图 3-2　RPN 头部结构

3.1.3　分类与边界框回归

在完成输入图像的特征提取任务并获得目标可能的候选区域后，需要对这些区域进行关键的操作——分类与边界框回归，以实现对输入图像中目标物体的检测。其中分类输出结果是离散的，表示检测目标物体具体属于哪种类别；边界框回归的输出结果则是连续的，表示对目标候选框的大小和位置进一步优化，使得网络模型可以更加准确地定位检测目标[57]。

对于分类，经典的支持向量机、自适应增强、随机森林等方法经常被使用，如可变形部件模型 DPM 就是使用支持向量机作为分类器进行预测的，取得了良好的表现。近年来神经网络凭借强大的自学习能力，极大地提高了分类算法的精度和鲁棒性，成为目前检测领域的主流方法。它的实现流程主要是通过一个 1×1 的卷积核将特征映射为一个 K 维(即数据样本中包括的类别数量)特征向量，然后通过 softmax 函数完成归一化，使向量中的每个值都在[0, 1]区间内，表示候选框中检测目标物体被预测为某类别的置信度大小。在模型训练时，使用交叉熵损失函数计算目标物体的预测框相对于真实框的损失程度，通过 SGD 算法对卷积神经网络的参数进行优化求解，提高 K 维向量中正确类别对应的置信度。

对于边界框回归，就是对目标物体的候选框进行准确定位。通过对候选框的微调，使最后得到的候选框(也叫检测框)能更加准确地接近真实框。这一过程旨在优化候选框的位置和尺寸，确保最终得到的检测框紧密包围目标物体。边界框回归操作的本质是降低定位误差[58]，提高后续检测的准确率。

在边界框回归时采用简单平移+比例缩放的方式，它的中心思想是为锚框(如图 3-3 所示)寻找一种映射关系 F。

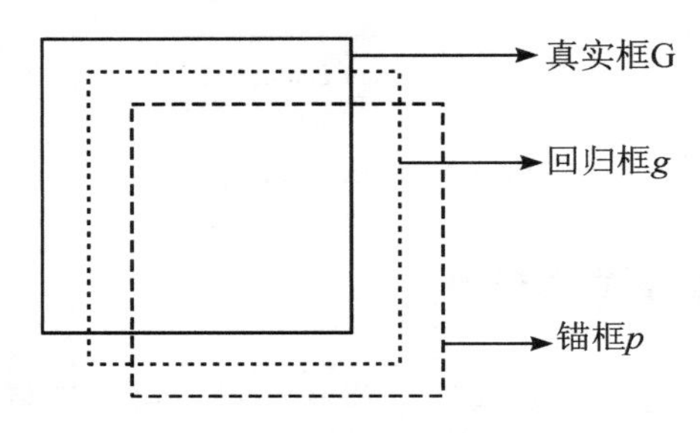

图 3-3　边界框回归示意图

将 F 作用到锚框 p 上得到回归框 g，使得 g 更加接近真实框 G，计算式为

$$g = F(p_x,\ p_y,\ p_w,\ p_h) \approx (\mathrm{G}_x,\ \mathrm{G}_y,\ \mathrm{G}_w,\ \mathrm{G}_h) \tag{3-2}$$

从锚框 p 到回归框 g，常用的方法是先做平移再进行大小缩放，步骤如下：

第一步：对锚框 p 的中心点做平移变换，平移量为(Δx，Δy)，计算公式为

$$\begin{pmatrix} g_x \\ g_y \end{pmatrix} = \begin{pmatrix} \Delta x \\ \Delta y \end{pmatrix} + \begin{pmatrix} p_x \\ p_y \end{pmatrix} = \begin{pmatrix} p_w & 0 \\ 0 & p_y \end{pmatrix} \cdot \begin{pmatrix} d_x(p) \\ d_y(p) \end{pmatrix} + \begin{pmatrix} p_x \\ p_y \end{pmatrix} \tag{3-3}$$

第二步：对宽高进行缩放，计算公式为

$$\begin{pmatrix} g_w \\ g_h \end{pmatrix} = \begin{pmatrix} p_w & 0 \\ 0 & p_h \end{pmatrix} \cdot \begin{pmatrix} \exp(d_w(p)) \\ \exp(d_h(p)) \end{pmatrix} \tag{3-4}$$

从公式(3-3)和(3-4)可看出，边界框回归就是求出 $d_x(p)$、$d_y(p)$、$d_w(p)$、$d_h(p)$，

d 表示锚框 p 到回归框 g 的距离。

边界框的回归操作，输入为锚框 p 的(p_x, p_y, p_w, p_h)所对应特征，记作 $\phi(p)$，其中 ϕ 为特征提取函数；输出为回归框的预测值，即经过 $d_x(p)$、$d_y(p)$、$d_w(p)$、$d_h(p)$平移和缩放后回归框的位置，可写为 $d_*(p) = \hat{\omega}_*^T \phi(p)$，其中 ω_*表示要学习的参数(*表示 x，y，w，h，也就是每一次变换对应一个目标函数 T)。

为了使回归框的预测值逐渐接近真实框 t_* (t_x、t_y、t_w、t_h)，故损失函数为

$$\text{Loss} = \sum_i^N \left[t_*^i - \hat{\omega}_*^T \phi(P^i) \right]^2 \tag{3-5}$$

因此，损失函数的优化目标为

$$\omega_* = \underset{\hat{\omega}_*}{\operatorname{argmin}} \sum_{i=1}^N \left[t_*^i - \hat{\omega}_*^T \phi(p^i)^2 \right] + \lambda \| \hat{\omega}_* \|^2 \tag{3-6}$$

式中，$\hat{\omega}_*$ 表示学习到的最优参数，λ为正则化参数，t_x、t_y、t_w、t_h 的计算公式为

$$\begin{cases} t_x = (\mathrm{G}_x - p_x) / p_w \\ t_y = (\mathrm{G}_y - p_y) / p_h \\ t_w = \log(\mathrm{G}_w / p_w) \\ t_h = \log(\mathrm{G}_h / p_h) \end{cases} \tag{3-7}$$

接着可分别设计出对应 x，y，w，h 的损失函数，计算公式为

$$\begin{cases} L_x = \sum_i^N [t_x^i - \omega_x^T \phi(p_x^i)]^2 \\ L_y = \sum_i^N [t_y^i - \omega_y^T \phi(p_y^i)]^2 \\ L_w = \sum_i^N [t_w^i - \omega_w^T \phi(p_w^i)]^2 \\ L_h = \sum_i^N [t_h^i - \omega_h^T \phi(p_h^i)]^2 \end{cases} \tag{3-8}$$

最后使用梯度下降优化算法对各参数进行学习，最小化损失函数，直到达到收敛条件或预设的训练轮次，即可获得接近真实框的回归框 g。

3.1.4 非极大值抑制

现有目标检测网络大都是先提出许多候选区域，其中有很多高度重叠的候选框都对应着同一个目标物体，如图 3-4 中的左图所示。为了提高后续检测过程的效率，必须在这些置信度较高的候选框中选出与目标物体匹配效果最好的候选框，常用的方法就是非极大值抑制 NMS 策略，图 3-4 中右图就是使用非极大值抑制 NMS 策略后的一个效果。

图 3-4 使用非极大值抑制 NMS 策略后的效果

图 3-4 中目标物体原本由多个不同大小的候选框覆盖着，冗余的候选框不仅影响观察，也不利于后续任务的进一步执行；而经过 NMS 处理后，冗余的候选框得到了抑制，只为目标物体保留最佳的那个候选框，从而得到目标物体最终的检测框。NMS 的算法如图 3-5 所示，结合算法，NMS 的实现过程为：

第一步：对所有候选框按照其置信度进行排序，置信度最高的候选框排在最前面；

第二步：将最高分的候选框 M 从待处理集合 B 移入最终结果集合 D；

第三步：计算待处理集合 B 中剩余的、得分最高的候选框 b_i 与原得分最高候选框 M 的 IoU 值，若该值大于等于设定的阈值 H，则待处理集合 B 中去除 b_i。一直重复此操作，直到所有的候选框都被处理完毕，即待处理集合 B 为空。

```
输入：B = {b_1,…,b_N}，S = {s_1,…,s_N}
    //其中，B是初始候选框集合，S是对应的候选框得分集合
    //H是剔除冗余候选框的阈值
开始：
        D ← { }
        while (B ≠ { } ){
            idx ← arg max S
            M ← b_idx          //置信度最高的候选框
            D ← D ∪ M
            B ← B - M
            for b_i in B {
                if (IoU(M, b_i) >= H){ //剔除重叠度较高的候选框
                    B ← B - b_i
                    S ← S - S_i
                }
            }
        }
        return D,S   //返回最终优化后的候选框集合及其对应的置信度集合
结束
```

图 3-5　非极大值抑制 NMS 的算法

需要说明的是，非极大值抑制 NMS 的实现方式可能因具体的应用而有所不同，但基本的原理和思想是一致的。同时，NMS 的阈值可根据实际任务的需求进行调整，以控制冗余候选框的去除程度。

3.2 双阶段目标检测网络

双阶段目标检测网络以 R-CNN 及其衍生网络为代表(如 R-CNN、SPPNet、Fast R-CNN、Faster R-CNN 等)，使用双阶段级联和先粗后精的回归定位方式，实现了对图像中目标物体的准确检测。双阶段目标检测网络在目标检测任务中取得了显著成果，成为深度学习领域的重要研究方向之一。

3.2.1 R-CNN

R-CNN 是第一个成功将深度学习应用到目标检测中的网络，由 Girshick 等在 2014 年提出，为后续双阶段目标检测网络的发展奠定了基础。R-CNN 将 CNN、SVM、线性回归等相结合，首先使用选择性搜索算法 SS 生成候选区域，通过 CNN 来提取候选区域中目标物体的特征，然后将特征向量送入 SVM 分类器进行类别判断，最后使用训练好的回归器来修正边界框的位置，实现了对目标物体的检测和定位。在 PASCAL VOC 2007 数据集上，传统目标检测算法最高的平均精度均值(mean Average Precision，mAP)在 40%左右，而 R-CNN 得益于 CNN 优异的特征提取能力，最高 mAP 达到了 66%，检测准确率明显提升。

R-CNN 遵循传统目标检测步骤，如图 3-6 所示，主要由生成候选区域、特征提取、判定类别、边界框回归四个步骤组成，具体步骤如下：

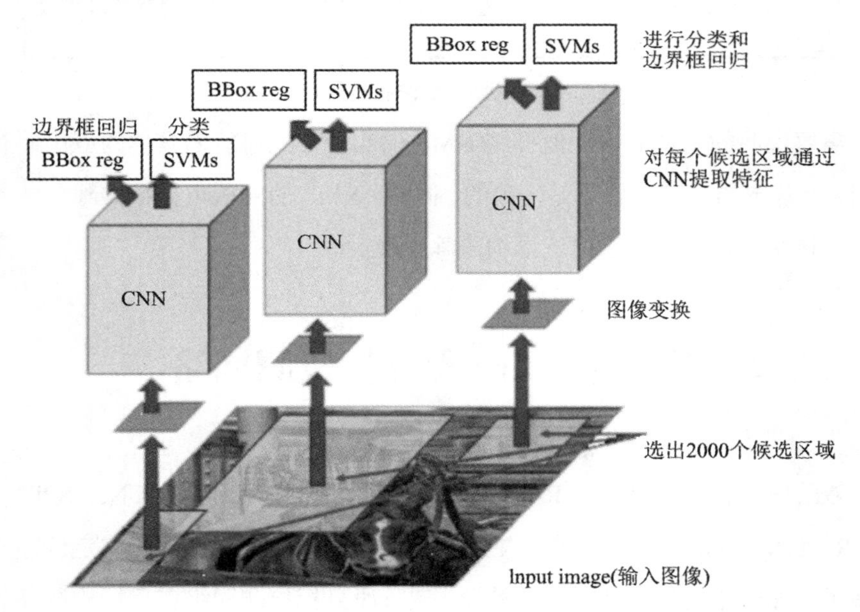

图 3-6 R-CNN 的目标检测过程

第一步：生成候选区域。输入待测图像，使用选择性搜索算法选出大概率含有检测目标物体的 2000 个候选区域，这些候选区域构成了训练样本和测试样本。

第二步：特征提取。特征提取采用 AlexNet 网络。由于 AlexNet 网络要求输入图像大小为 227 × 227，因此对选出的候选区域进行放射图像扭曲区域变换，使候选区域的尺寸符合 AlexNet 的输入要求。图像变换虽然采用了一些方法，尽量使图像保持最小的变形，但无法保证图像不失真。某一候选区域变换后输入预先训练好的 AlexNet，得到 4096 维的特征向量，如图 3-7 所示。由于有 2000 个候选区域，实际上输出 2000 × 4096 维的特征矩阵，并存储在磁盘上。

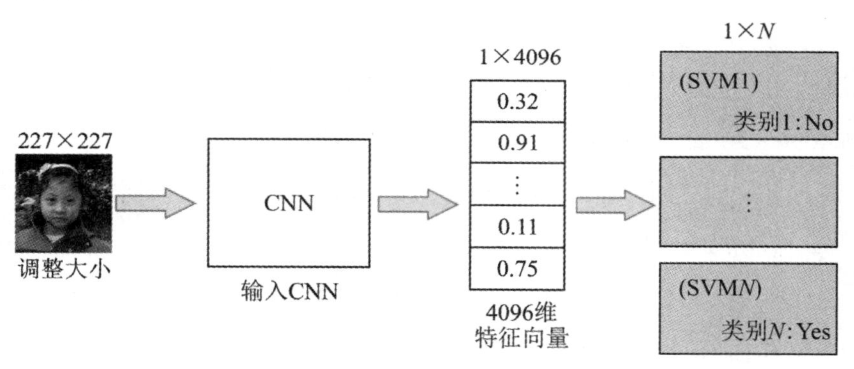

图 3-7　某一候选区域的特征提取

第三步：判定类别。将 4096 维特征向量与 N 个(PASCAL VOC 数据集中有 20 个类别，即 N 的取值为 20)SVM 组成的权重矩阵(大小为 4096 × 20)相乘，获得 2000 × 20 维矩阵，该矩阵表示每个候选框是某一类别的得分；再分别对 2000 × 20 维矩阵中每一列(即每一类)进行非极大值抑制，即找出该列得分最高的一个候选框 M，若该列中剩余候选框与 M 的 IoU 值超过某一个阈值(一般设置 0.5)，说明与 M 重合度较高，需要剔除。重复上述过程，直至没有剩余的候选框，得到该列(即该类中)得分较高的一些候选框。

第四步：边界框回归。对 NMS 处理后剩余的候选框进一步筛选，分别用

20 个回归器对上述 20 个类别中剩余的候选框进行回归操作，最终得到每个类别修正后得分最高的预测框。

R-CNN 的训练过程由正负样本准备、预训练和微调网络、训练 SVM 分类器、训练回归器四步组成。具体的训练步骤如下：

第一步：正负样本准备。对选出的 2000 个候选区域，按照正负样本 1:3 的比例确定样本容量。若某个候选区域与真实框(图像上所有真实框中与该候选区域重叠面积最大的)的 IoU 值大于阈值，则认定该候选区域为正样本，否则为负样本。

第二步：预训练和微调网络。由于 R-CNN 中使用 AlexNet 来进行特征提取，AlexNet 的层数多，参数量巨大，故 R-CNN 先引入 AlexNet 已有的模型参数，再基于第一步确定的正负样本集，训练 R-CNN 得到微调后的参数。

第三步：训练 SVM 分类器。针对每个类别训练一个 SVM 的二分类器，共得到 4096×20 的 SVM 权重矩阵，并存储在本地磁盘上。

第四步：训练回归器。只对与真实框的 IoU 值相比超过阈值的候选区域进行回归，训练后得到回归参数。

综上所述，R-CNN 作为一种基于区域的目标检测网络，通过 CNN 学习到更加丰富和抽象的特征，提高了目标检测的准确性，在 PASCAL VOC 2007 公开数据集上，检测精度极大地领先了以 DPM 为代表的传统目标检测算法，是基于深度学习目标检测算法的里程碑；R-CNN 通过生成候选区域的方法，将目标检测问题转化为分类问题，使得每个候选区域都对应一个类别概率，这为结果的解释提供了便利。当然 R-CNN 也存在一些缺点，如训练过程是多阶段的，步骤烦琐，训练时间非常长，约 84 小时；训练过程中大量消耗资源，候选区域数量太多且都要写入内存，占用磁盘空间大，如 5000 张图像就会产生几百吉的特征文件(因为 SVM 的存在)；检测速度慢，使用 GPU 和 VGG-16 处理一张图像需要 47 秒；候选区域图像形状的变化，无法保证图像中信息不丢失。

为了克服这些缺点，研究人员后续提出了许多改进算法，以提高目标检测的性能和效率。

3.2.2　SPPNet

R-CNN 使用 AlexNet 来提取输入图像中的特征信息，AlexNet 要求输入图像的大小是 227 × 227，这在实际应用中是比较受限的。针对此问题，何凯明等在 2014 年提出了空间金字塔池化网 SPPNet，解决了输入图像需要固定大小的问题。SPPNet 的核心贡献在于引入了 SPP 层，该层能接受任意大小的输入特征图，并输出固定长度的特征向量。这样不管输入图像如何变化，经过 SPP 层处理后都能得到相同维度的特征表示，大大提高了网络处理不同大小图像的能力，并减少了预处理的复杂度和计算成本。

SPPNet 是在 R-CNN 的基础上改进而来的，执行过程如图 3-8 所示。SPPNet 继承了 R-CNN 的多阶段处理流程，具体步骤如下：

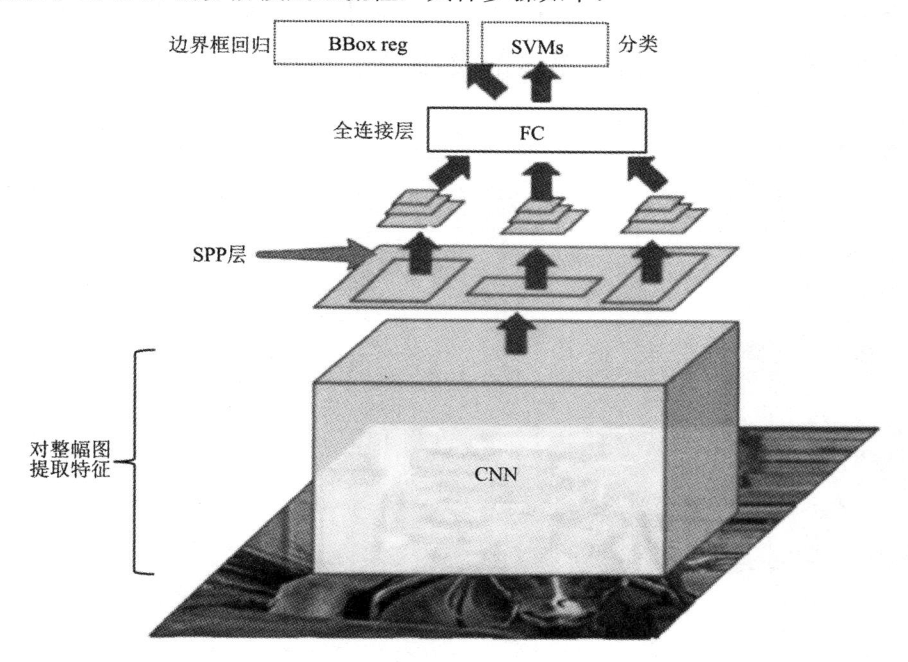

图 3-8　SPPNet 的执行过程

第一步：使用选择性搜索算法在输入图像上生成2000个候选区域。

第二步：使用CNN提取整幅输入图像的特征图。

第三步：把2000个候选区域映射在第二步得到的特征图上，获得2000个候选区域的特征图，并输入SPP层进行特征数量的固定。

第四步：将固定好的特征输入全连接层，进行分类和边界框回归。

SPPNet主要从以下两方面改进了R-CNN网络存在的问题：

(1) 减少卷积运算。一张输入图像经过选择性搜索算法会得到2000个候选区域。在R-CNN中，这2000个候选区域经过裁剪或变形后都要进入CNN进行特征提取，如图3-9(a)所示。2000个候选区域间存在大量重叠，再经过2000次独立的特征提取，导致了计算量剧增，且效率低下。

为了解决此问题，何凯明等通过可视化卷积层发现，通过映射的方法能获取每个候选区域的特征。也就是说，输入图像中某一位置的特征，反映在特征图上也是相应的位置，即存在特征映射关系，如图3-10所示。根据此发现，他们首先对输入图像进行1次卷积操作，得到源图的特征图；然后再依据特征映

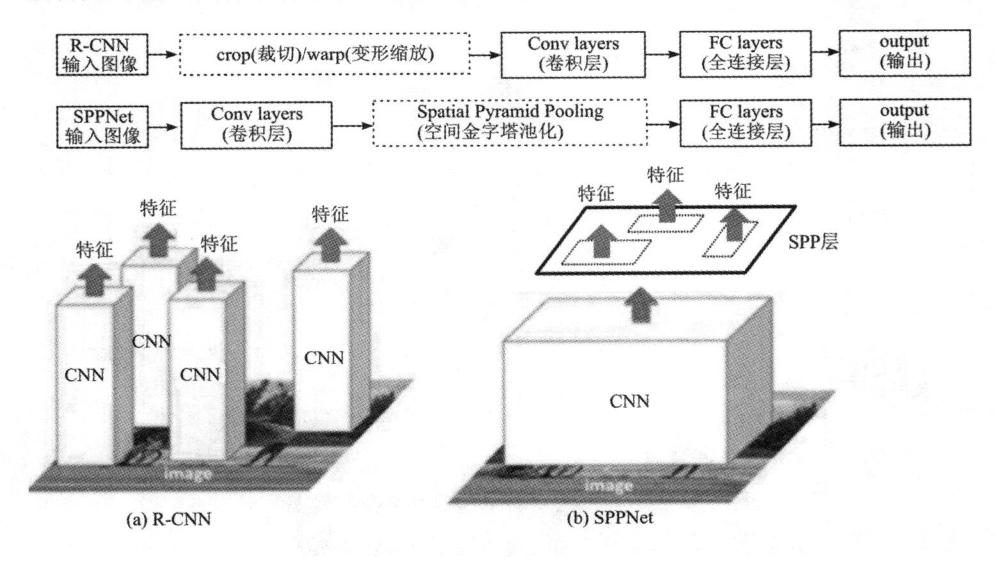

图3-9　R-CNN和SPPNet卷积运算次数对比

射关系，将 2000 个候选区域一一映射到特征图中，得出 2000 个候选区域的特征向量，这样整个过程只需要进行 1 次卷积运算，就可获得候选区域中对应的特征表示，如图 3-9(b)所示。

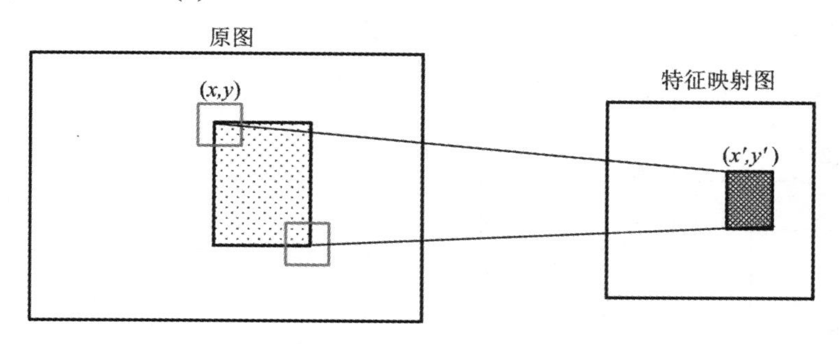

图 3-10　特征映射关系

图 3-10 中假设$(x，y)$为原图中候选区域的坐标，$(x'，y')$为特征映射图中对应候选区域的坐标，具体的映射公式为

$$x'=[x/S]+1,\ y'=[y/S]+1 \tag{3-9}$$

式中：S 是 CNN 中所有步长的乘积，在 SPPNet 中 S 取值为 16。

通过特征映射，网络可直接获取到候选区域的特征向量，无需重复使用 CNN 进行特征提取，从而大幅度缩短了训练时间。

(2) 增加空间金字塔池化层。在 R-CNN 中要求输入图像的尺寸固定，一般情况下图像都需要经过裁切或变形缩放才能满足输入要求，这在一定程度上导致图像信息的丢失或变形，限制了识别精确度。SPPNet 在全连接层前引入了 SPP 层，将特征图转化为固定大小的特征向量，避免了预处理时造成的失真。使用这种方式，可以让网络输入任意尺寸的图像，生成固定大小的输出。SPP 层的工作原理如图 3-11 所示。

当输入任意尺寸的图像时，使用不同大小的尺度对图像进行划分，图 3-11 中使用了三种不同大小的尺度，即 1 × 1、2 × 2 和 4 × 4，共得到 16 + 4 + 1 = 21 个网络单元。对于每个网格单元，SPP 层会执行最大池化操作，即在每个网格单元内，选择该区域内所有特征值最大的值作为该网格单元的输出，最终将 21

个网格单元的最大池化结果拼接在一起，形成一个 21×256 固定大小的特征向量，供后续层使用。

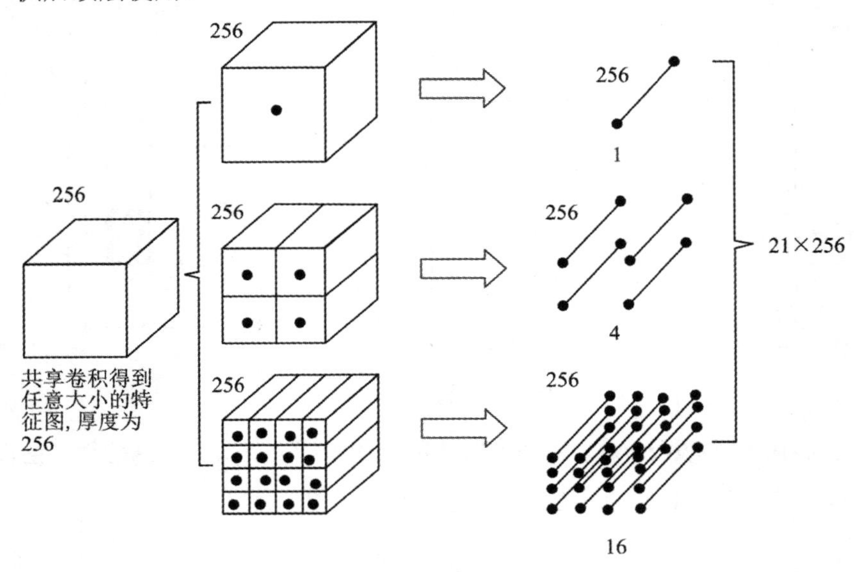

图 3-11　SPP 层的工作原理

当然也可以设计其他大小的输出，增加金字塔层数或改变尺度，因此该模块可添加到任意基于 CNN 的目标检测网络中，且会提升检测的鲁棒性。

改进后 SPPNet 的检测速度比 R-CNN 快了约 20～100 倍，检测精度也有所提高。但受 R-CNN 思想的影响，SPPNet 存在一些局限，如训练过程依然是多阶段的，速度慢、效率低；特征仍需要写入磁盘，占用大量的存储空间；无法实现端到端的训练和输出，也不会对空间金字塔池化层之前的卷积层进行参数更新，限制了深层网络的准确性。针对这些问题，Fast R-CNN 给出了解决方案，最终在训练、检测速度以及精度上都有进一步的提高。

3.2.3　Fast R-CNN

Girshick 于 2015 年提出的 Fast R-CNN，弥补了 R-CNN 和 SPPNet 中存在的缺陷，提高了检测速度和检测准确性。Fast R-CNN 提出了一种想法，即只在输入图像上运行一次 CNN，然后找出一种方法在 2000 个候选区域中提取出感兴趣的区域 RoI，之后使用感兴趣区域池化(RoI Pooling)层来修正 RoI 的尺寸，再输入到 FC 层完成分类与回归。Fast R-CNN 的具体执行过程如下：

第一步：将整张图像输入到 CNN 中，得到整幅图像的特征图。

第二步：在特征图上使用 SS 算法生成 2000 个候选区域，将每个候选区域映射到特征图上，提取出对应的特征矩阵。这一步通过特征映射，确保候选区域的特征在特征图上被准确提取。

第三步：对每个候选区域的特征矩阵，使用 RoI Pooling 层将其转换为固定大小的特征图。此步骤会对每个候选区域的特征矩阵进行操作，确保无论候选区域的大小如何，其特征图都可以被后续的 FC 层处理。

Fast R-CNN 前三步的执行过程如图 3-12 所示。

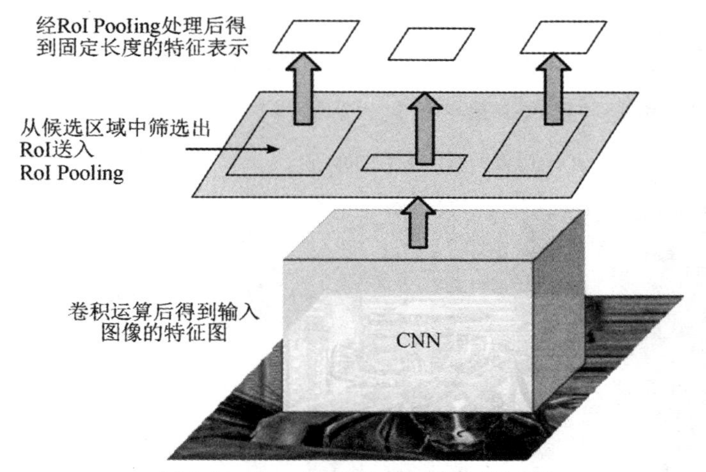

图 3-12　Fast R-CNN 前三步执行过程

Girshick 等引入 RoI pooling 层，其目的是为了减少计算时间，并得到输出尺寸固定的特征图，本质上是一个简化版的 SPP 层。SPPNet 中的 SPP 层使用了金字塔形的 4×4、2×2 和 1×1 多尺度分割，如图 3-13 左图所示；而 Fast R-CNN 的 RoI pooling 层则使用 $H \times W$ 固定大小的单尺度进行分割，其中 H 和 W 是超参数，可以独立于任何特定的 RoI，如图 3-13 右图所示。

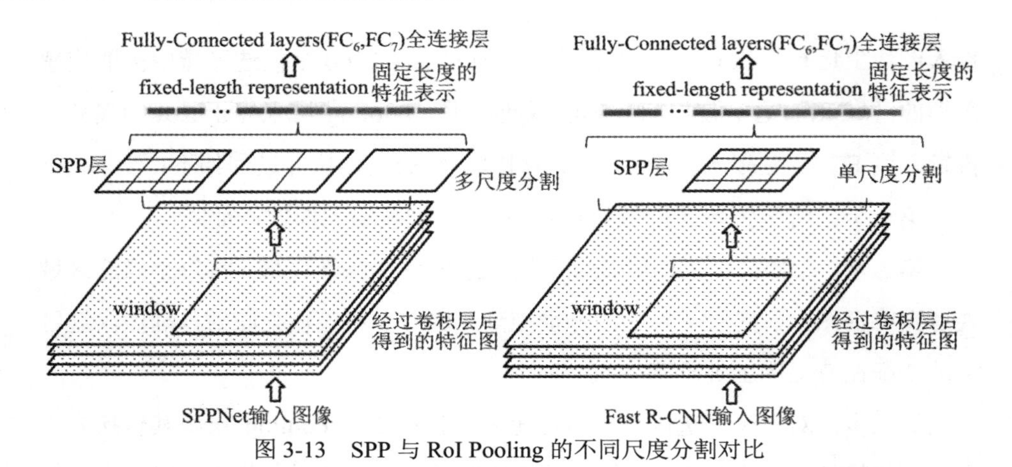

图 3-13　SPP 与 RoI Pooling 的不同尺度分割对比

研究人员通过实验发现，使用单尺度分割图像在分类准确率上的优势不是十分明显，但比多尺度分割模式在训练速度上快了约 3 倍、测试速度上快了约 10 倍。

第四步：将 RoI Pooling 后的特征图传递到 FC 中，使用 softmax 层来分类，通过回归器来调整候选框，最终得到目标物体的检测框。

Fast R-CNN 的执行过程如图 3-14 所示。

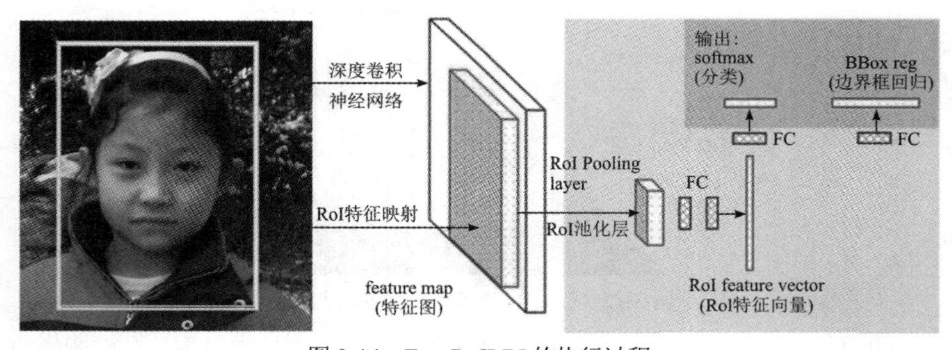

图 3-14　Fast R-CNN 的执行过程

Fast R-CNN 用 softmax 函数代替 SVM 分类器，首先减少磁盘空间的消耗，其次 softmax 函数可与 CNN 层、RoI Pooling 层一起训练，使用联合训练策略和多任务损失函数，实现了单阶段的训练过程，使得算法可以同时优化分类和回归；但是该算法还没有做到真正的端到端训练，生成候选区域的过程依旧是独立进行的，且检测速度仍然受到 SS 算法生成候选区域的限制。与 R-CNN 相比，Fast R-CNN 在 PASCAL VOC2007 数据集上的检测精度提高了 11.5%，大幅度缩短了检测速度；然而使用 SS 算法提取候选区域，耗时较多(候选区域提取需 2～3 秒，而提特征分类只需 0.32 秒)，这也是后续 Faster R-CNN 的改进方向之一。

3.2.4　Faster R-CNN

2015 年任少卿等将候选框的生成由 SS 算法变为一个可以进行参数调节的神经网络，即区域候选网络 RPN，从而提出了性能更好的 Faster R-CNN。Faster R-CNN 解决了不能端到端训练的问题，创建了能替代 SS 算法的 RPN，为后续的目标检测提供了高质量的候选区域，且速度更快。Faster R-CNN 由卷积层、区域候选网络 RPN、RoI pooling 层、分类与边界框回归共 4 个模块组成，如图 3-15 所示。

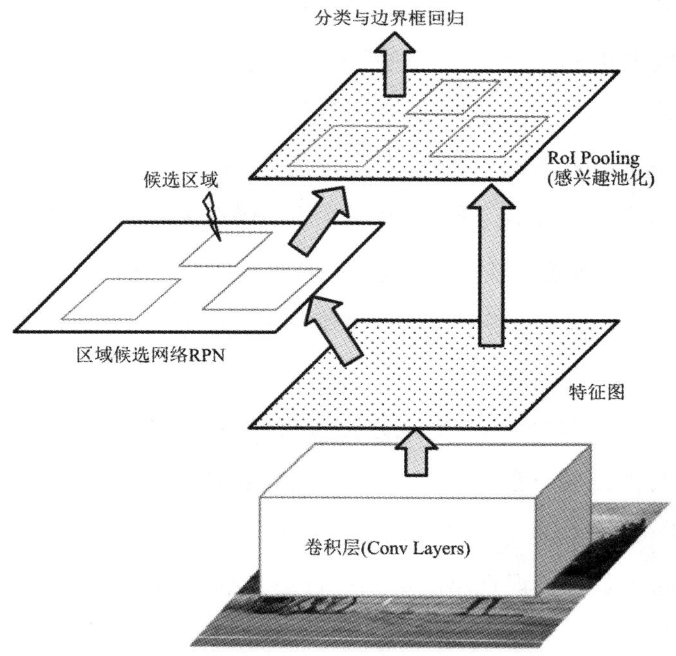

图 3-15　Faster R-CNN 组成结构

(1) 卷积层，即特征提取网络，用于提取特征。通过 13 个 Conv 层、13 个 ReLU 层、4 个 Pooling 层来提取输入图像的特征图。卷积层的具体结构如图 3-16 的虚线框所示，得到的特征图为后续 RPN 和 RoI Pooling 层做好准备。

(2) 区域候选网络 RPN。区域候选网络 RPN 替代了 R-CNN 的 SS 算法来生成候选区域，其详细的网络结构如图 3-16 的点线框所示。RPN 的主要作用有两方面，一是分类，即通过图 3-16 中上一分支的 softmax 函数，判断所有预定义的锚框是属于正样本还是负样本(锚框内有目标物体为正样本)；二是通过下一分支进行边界框回归，即修正锚框以得到较为准确的预测框。因此，RPN 相当于提前做了一部分检测，即判断是否有目标物体和校正锚框。

RPN 最后一个步骤是生成候选区域。从图 3-16 中可看出，生成候选区域的输入有三个，即分类层的向量、边界回归层的向量和图像大小超参数。分类层按照分值的高低，取出前 N 个锚框作为输入分支之一；边界回归层对锚框修正，剔除尺寸非常小的正样本锚框，并进行 NMS 处理后作为输入分支之二；给出用于后续 RoI pooling 层进行单尺度分割的超参数 H 和 W，作为输入分支之三，最终输出若干个候选区域。整个过程可理解为通过 RPN 网络，筛选出了特征图上高质量的锚框，大大降低了候选区域阶段消耗的时间。

(3) RoI pooling 层。用于收集 RPN 生成的候选区域，并在特征图的对应位置进行提取，生成候选区域特征图送入后续全连接层，进一步做分类和边界框回归。由于候选区域大小各异，此处借鉴 SPPNet 中的 SPP 层，实现了固定长度的输出。

(4) 分类与边界框回归。此处分类与 RPN 中的分类不同，RPN 分类是二分类，其目的是区分前景和背景(包含目标物体为前景，也称正样本)，而 Faster R-CNN 的分类是要对之前所有的正样本进行识别，通常为多分类。同理，边界框回归是对已识别出的类别进行边界框回归，以便得到定位精确的检测框。

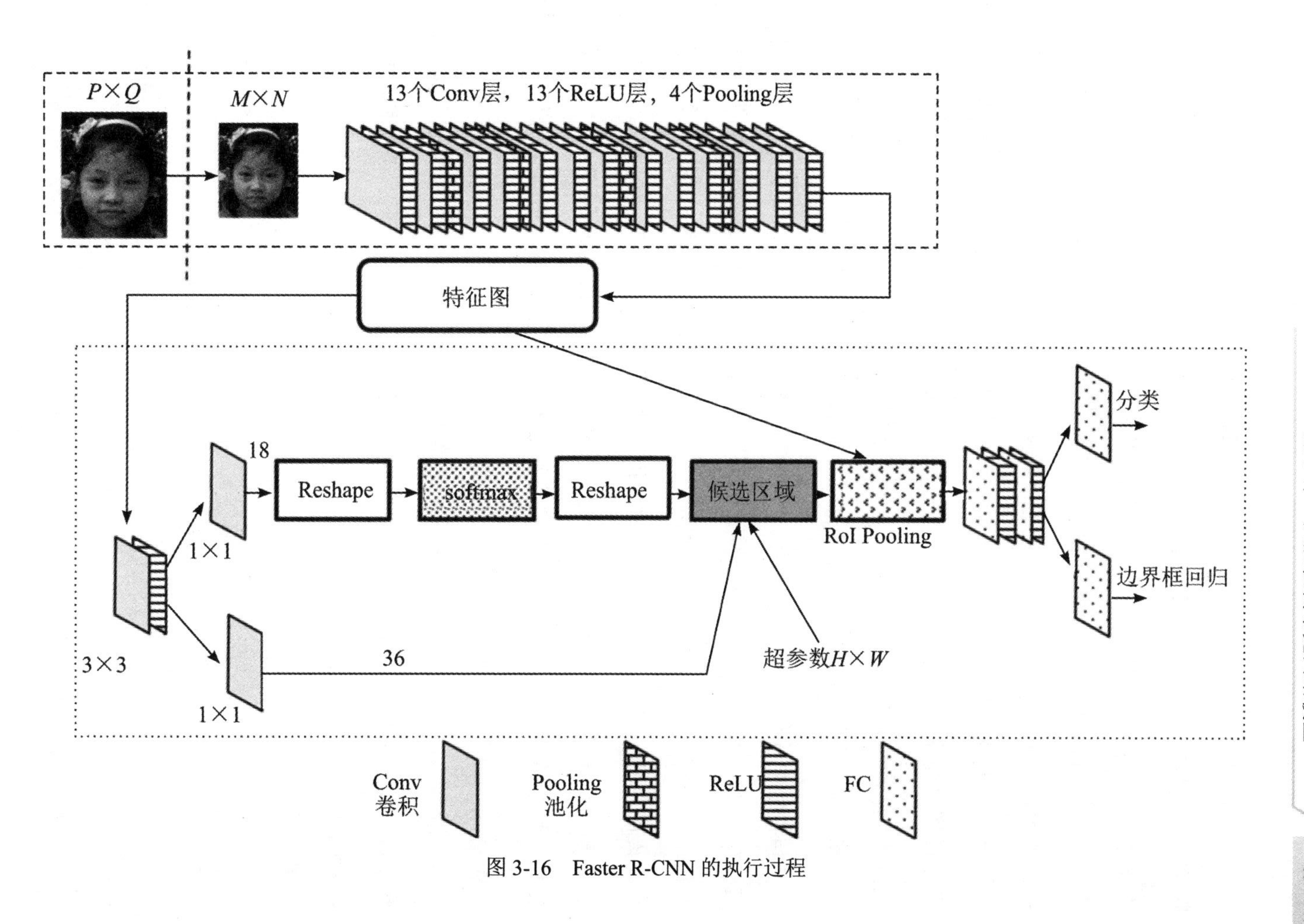

图 3-16　Faster R-CNN 的执行过程

Faster R-CNN 作为双阶段目标检测的集大成者，较好地平衡了检测速度和精度，成为后续众多目标检测算法的基准之一。Faster R-CNN 的主要贡献是引入了区域候选网络 RPN 来代替选择性搜索算法，RPN 使用锚框的概念来预测不同尺度的目标物体，在训练时会提前预设几种比例的锚框，一旦确定图像的某个位置，这些锚框就会对该位置进行裁剪获得候选区域特征，送入分类与边界框回归子网络，进行最后的分类和定位。从 R-CNN 到 Faster R-CNN 的不断优化过程可看出，候选区域生成、特征提取以及边界框回归等单独模块逐渐集成到一起，最终形成端到端的目标检测网络模型。但是由于 Faster R-CNN 训练参数量过大，对于实际应用场景依然非常耗时。

自 Faster R-CNN 被提出以后，研究者们基于 Faster R-CNN 提出了许多改进模型，如 R-FCN[59]设计了位置敏感得分图和位置敏感 RoI Pooling 来保留空间信息，不断提高推理速度和检测精度，实现了对 Faster R-CNN 检测效率的进一步提高。Mask R-CNN[60]采用 Faster R-CNN 的结构，设计了 RoI Align 层替代了 RoI Pooling 层，进一步将原图与特征图更准确地对齐；Mask R-CNN 不仅提高了目标检测的性能，而且在图像分割任务中也表现优异，它同样成为后续众多目标检测算法的基准之一。

从科研角度来看，双阶段目标检测网络能够在公开数据集上取得较高的检测精度；但从工程角度来看，当需要快速的检测或轻量化运行时，双阶段目标检测网络依旧不够理想。因此，为了提升检测速度，对单阶段目标检测网络展开了一系列的探索研究。

3.3 单阶段目标检测网络

虽然双阶段目标检测网络已经实现了端到端的训练，但是其检测速度依旧无法满足实时性要求较高的场景，因此许多单阶段目标检测网络相继被提出。单阶段目标检测网络也被称为基于边界回归的检测网络，它直接对输入图像进行目标物体的分类和边界框回归，不再有候选区域的生成这一阶段，因此该类型目标检测网络速度较快，典型代表有 YOLO 系列、SSD 等。

3.3.1 YOLO v1

Redmon 等摒弃了“区域选取＋目标检测”两步走检测范式，于 2015 年提出了 YOLO 网络，该网络以其简洁的网络结构和高效的检测速度，为目标检测领域带来巨大变革。由于 YOLO 是单阶段目标检测网络的开山之作，也被称为 YOLO v1。YOLO v1 的核心思想是对双阶段目标检测网络进行整合，通过整幅图像的特征去预测每一个目标物体的类别和边界框，不仅将目标检测任务化繁为简，而且能够保障在较高准确率的同时拥有快的检测速度，在工业界广受好评。

YOLO v1 结构简单，其特征提取网络是借鉴 GoogleNet 的搭建方式，使用 1 × 1、3 × 3 卷积核的堆叠，实现输入图像特征的提取，如图 3-17 所示。在图 3-17 的虚线框中，是进行了一次卷积池化操作，即首先通过 128 个 1 × 1 卷积核对特征图 56 × 56 × 256 进行卷积(Conv)操作，然后再分别使用 256 个 3 × 3 卷积核、256 个 1 × 1 卷积核、512 个 3 × 3 卷积核进行卷积操作，最后通过池化核为 2 × 2、步长为 2 的最大池化操作后，得到 28 × 28 × 512 的特征图，将其送入下一层。输入图像 448 × 448 × 3 经过多次卷积池化操作完成特征提取后，送入全连接层对待检测物体进行类别判断和预测框定位，最终输出为 7 × 7 × 30 的特征图。

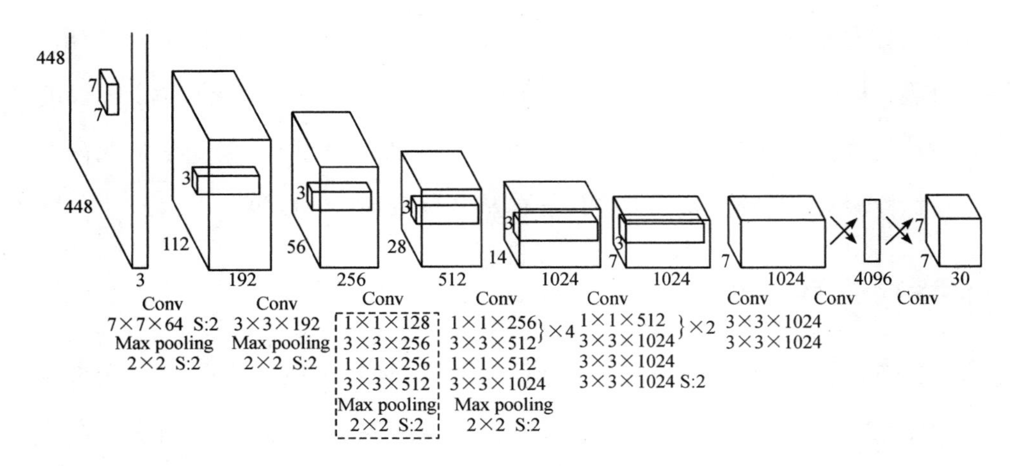

图 3-17　YOLO v1 特征提取网络结构

YOLO v1 将 448 × 448 × 3 的输入映射为 7 × 7 × 30 的输出特征图，其中 7 × 7 表示将图像划分出的网格数，30 表示由 20+2+2 × 4 个元素组成，20 是目标物体预测的类别，2 是两个预测框的置信度预测(置信度等于预测框与真实框间的 IoU)，2 × 4 表示两个预测框的位置信息，用(x，y，w，h)表示，分别是预测框的中心点坐标以及宽和高。YOLO v1 输入与输出的映射关系如图 3-18 所示。

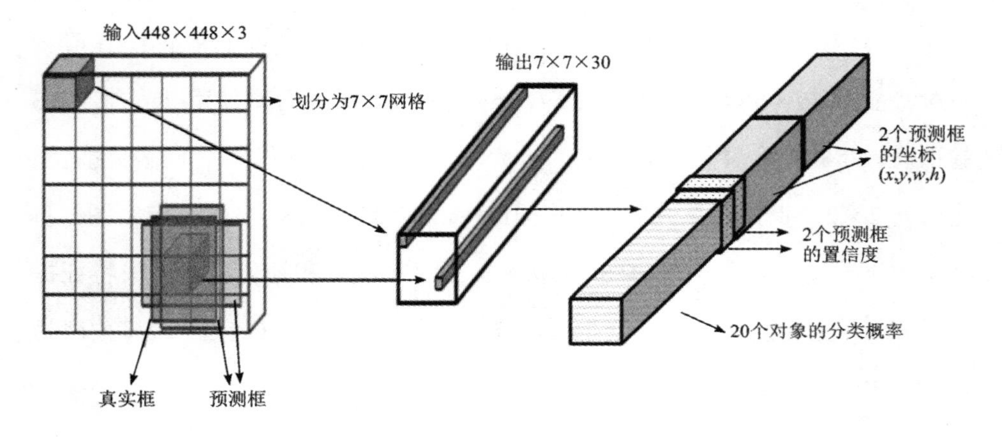

图 3-18　YOLO v1 输入与输出的映射关系

YOLO v1 本质上是基于锚框的检测，与需要使用 RPN 产生锚框的 Faster R-CNN 不同的是，其直接将图像分为 7 × 7 网格，每个网格设置两个锚框，这样对于一张图像，共产生 98 个锚框，这些锚框覆盖了整张输入图像。在预测时，每个网格预测两个锚框的位置和置信度。置信度包含两方面，一是锚框包含有目标物体的可能性大小，标记为 Pr(Object)；二是锚框的准确率，用预测框与真实框的 IoU 值表示。YOLO v1 定义的置信度的计算公式为

$$\Pr(\text{Object}) * \text{IoU}\frac{\text{Pred}}{\text{Truth}} \tag{3-10}$$

式中，Pr(Object)取值为 1，表明包含有目标物体，否则取值为 0。

在待检测图像中，通常一个目标物体会覆盖若干个网格，这就需要确定哪一个网格负责检测该目标物体。在 YOLO v1 中，规定待检测目标物体的中心点落在哪一个网格内，那么这个网格的锚框就负责预测该目标物体的具体坐标。在预测时，每个网格还需要预测类别概率，即 $\Pr(\text{Class}_i|\text{Object})$，将类别概率与预测边界框置信度相乘，可得到每个边界框的类别置信度分数，这些分数表示该类别出现在边界框中的概率以及边界框的适合程度，计算公式为

$$\Pr(\text{Class}_i \mid \text{Object}) * \Pr(\text{Object}) * \text{IoU}\frac{\text{Pred}}{\text{Truth}} = \Pr(\text{Class}_i) * \text{IoU}\frac{\text{Pred}}{\text{Truth}} \tag{3-11}$$

当得出每个网格的输出张量后，设置阈值，过滤得分低的边界框，对保留边界框进行 NMS 处理后，最终得出目标物体的类别和目标物体的预测框。

不同于双阶段目标检测网络生成候选区域的做法，YOLO v1 将目标物体的分类及定位融为一体，结构简单，训练和预测都可以在端到端进行；全图直接参与目标检测的特点对信息利用更加全面，速度也更快，可达 45 帧/秒(Frames Per Second，FPS)，其快速版本甚至可达 155 FPS，实现了实时检测。

虽然 YOLO v1 的检测速度有了大幅提高，但由于每个网格只能预测少数的目标，这对密集目标或重叠面积大的物体的检测效果不理想；大量锚框的参与也使其正负样本失衡，损失检测精度，在更为精细化的复杂人脸检测中，由于人像密集、人物互遮挡、图片低质量等问题，检测效果较差。

3.3.2 SSD

YOLO v1 提出后不久，2016 年 Liu 等在欧洲计算机视觉国际会议上提出了不一样的检测思路，即单射多尺度检测器 SSD。SSD 结合了 YOLO v1 的回归思想和 Faster R-CNN 中的锚框机制，使用全图各个位置的多尺度、多长宽比的密集区域进行分类与回归，改善了 YOLO v1 中锚框设置过于粗糙的问题，使得像素占比少的目标可以被有效检测到，在保持 YOLO v1 速度快的同时，也保证了预测的准确性。目前 SSD 依然是主要的检测框架之一[61]。

SSD 使用 VGG-16 作为骨干网提取特征，但与原始 VGG-16 不同的是，SSD 将原有的全连接层 FC6 和 FC7 替换为卷积层 Conv6 和卷积层 Conv7，并添加了卷积层 Conv8、卷积层 Conv9、卷积层 Conv10 和卷积层 Conv11，去掉了原来的随机失活层 FC8 和全连接层，SSD 的骨干网结构如图 3-19 所示。

SSD 骨干网结构的设计体现出一个重要思想，即特征金字塔。VGG-16 的 Conv4_3 输出 $38 \times 38 \times 512$ 的特征图作为 SSD 的第 1 特征层，经过 1024 个 3×3 卷积核运算后得到的 Conv6，Conv6 经过 1024 个 1×1 卷积核运算后得到的 Conv7 作为第 2 特征层，再经过 256 个 1×1 卷积核和 512 个 3×3 卷积核、步长为 2 运算后得到的 Conv8 作为第 3 特征层，以此类推 Conv11 为第 6 特征层，至此共得到 6 个特征层，构成特征金字塔。不同层级的特征层代表着

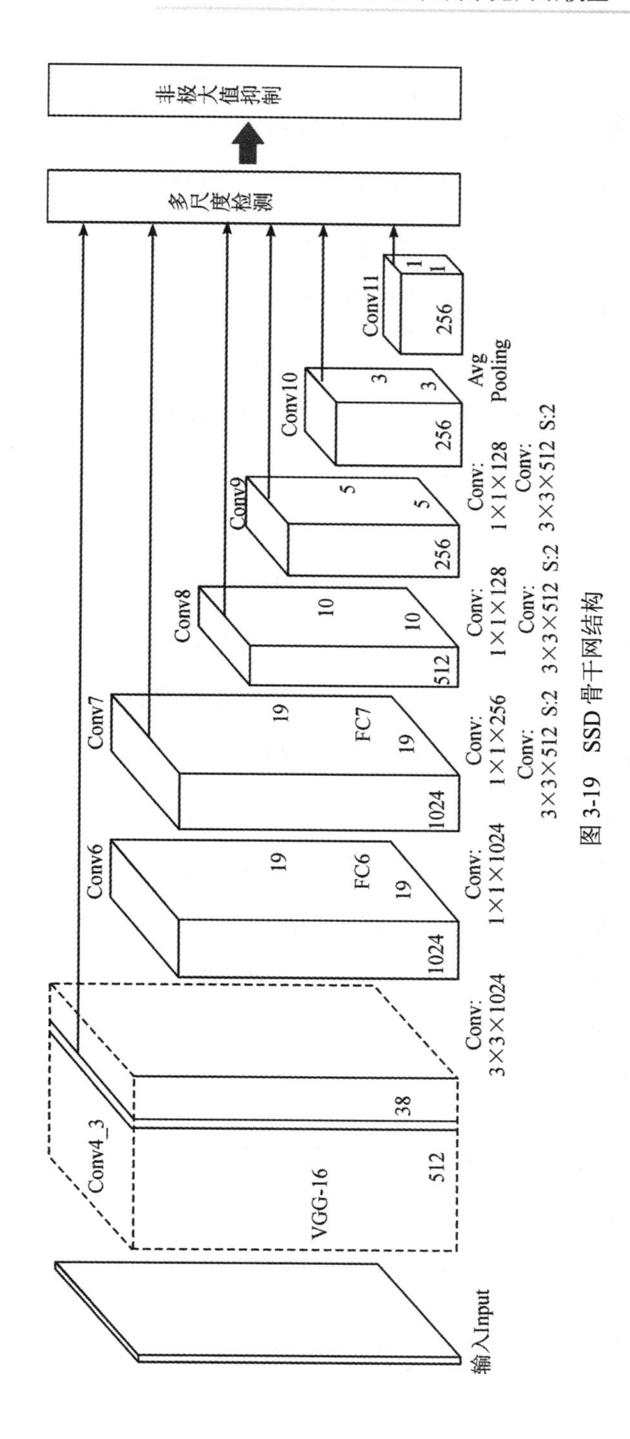

图 3-19　SSD 骨干网结构

不同的特征利用，靠前的特征层对小目标物体检测效果好，而靠后的特征层具有丰富的语义信息，对大目标物体检测效果好。SSD 会对每个特征层进行目标物体的类别判断和边界框回归，即从多个不同尺度的特征图视角进行目标检测，检测结果必然比只在最后一层进行检测效果要好。特征金字塔的研究视角，也为本书设计的旋转人脸检测模型提供了思路。

SSD 的执行过程如图 3-20 所示。从图 3-20 中可看出 6 个特征层对应 6 个分支，其特征图尺寸分别是：38 × 38、19 × 19、10 × 10、5 × 5、3 × 3 和 1 × 1。在 SSD 中同样引入锚框思想，并在每个分支的特征图上预设了不同尺度的锚框(长宽比有 1:1，2:1，3:1，1:2，1:3 等)。如在特征图大小为 10 × 10 × 512 的分支上，为每个像素位置预设了 6 个锚框，共有 10 × 10 × 6 = 600 个锚框，所以 SSD 的 6 个分支会产生 7308 个锚框，每个分支产生的锚框进入各自的定位与分类(Detector & Classifier)模块，该模块负责预测目标物体所属的类别和边界框位置；最后利用 NMS 获得最终的检测结果。

由于特征图上平铺了大量的锚框，在经过正负样本匹配后，正负样本的比例是极其不平衡的。SSD 引入了困难样本挖掘技术，过滤一些简单的负样本，保留检测器不容易区分的负样本，从而平衡正负样本的比例。困难样本挖掘的具体步骤是，首先对所有的锚框计算分类损失，然后按照分类损失的值对锚框进行排序，最后按照正负样本 1:3 的比值，挑选排在前面的锚框作为负样本。

SSD 在训练时，首先准备正负样本，并保持正负样本的比为 1:3；其次确定总目标损失函数为

$$L(x, c, l, g)=\frac{1}{N}[L_{\mathrm{conf}}(x, c)+aL_{\mathrm{loc}}(x, l, g)] \tag{3-12}$$

式中，x 表示输入图像，c 表示目标类别得分，l 表示预测框，g 表示真实框，

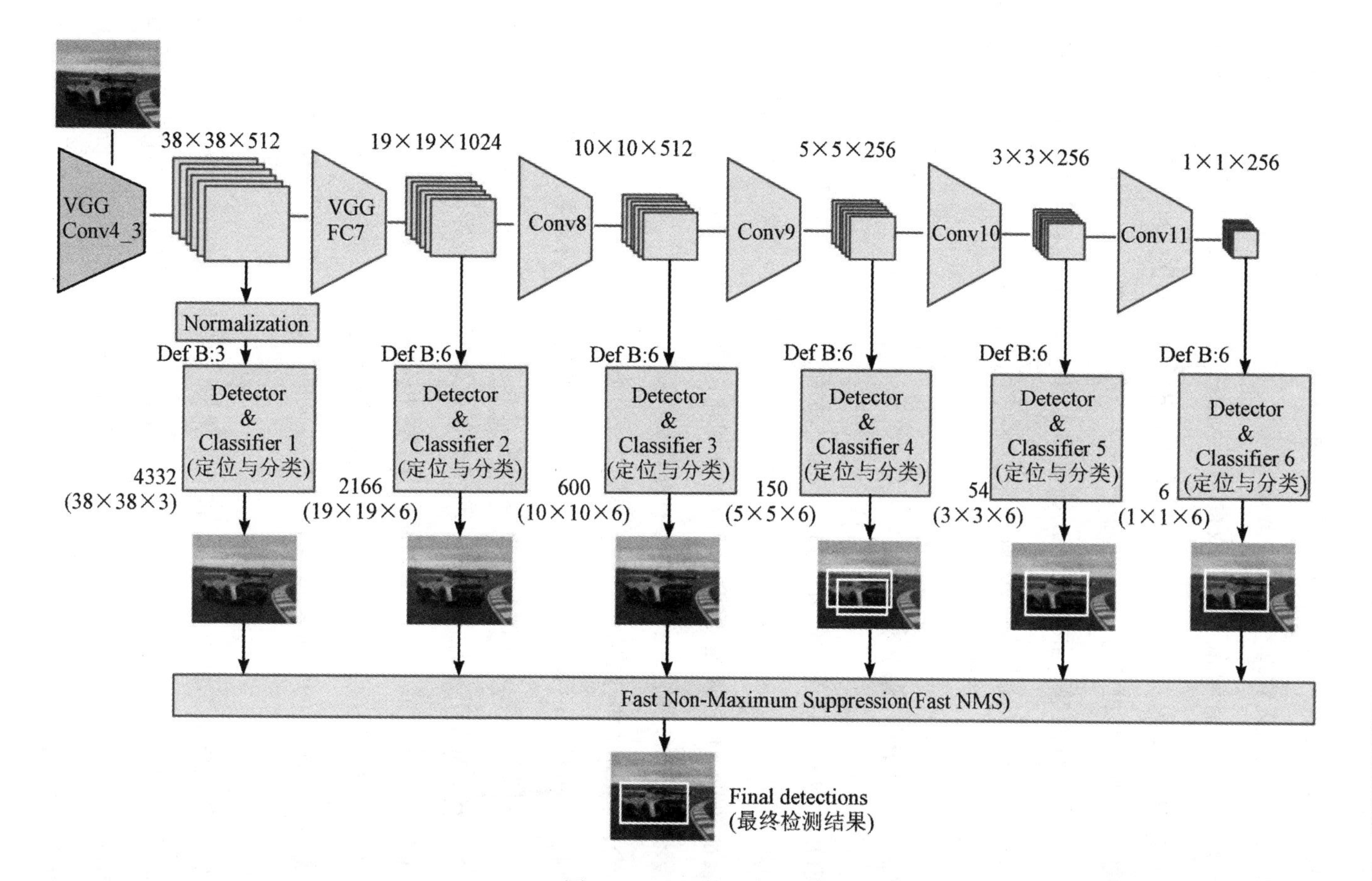

图 3-20　SSD 的执行过程

$L_{conf}(\cdot)$表示置信度损失，$L_{loc}(\cdot)$表示边界框定位损失，a为平衡两个损失间的权重，N表示锚框与真实框相匹配的数量。

虽然 SSD 在速度和精度上取得了不错的平衡，22 FPS 的运行速度可以和 YOLO v1 媲美，76.8% mAP 与 Faster R-CNN 不相上下。但是每一层特征图上使用的锚框大小和形状都不一样，且不能通过学习获得，导致调试过程非常依赖经验；虽然设计了特征金字塔，但对于小目标的召回率依然一般，这可能是由于浅层特征缺乏足够强大的语义信息，存在特征提取不充分的问题。

3.3.3 YOLO 高版本系列

YOLO 自提出以来凭借其高效、准确、易用的特点，至今都在不断更新迭代着，从 YOLO v2、YOLO v3、YOLO v4 等，一直到目前最新版本 YOLO v10，每一版都在前一代的基础上进行了改进和优化，展现出广泛的应用前景和持续的发展潜力，已成为目标检测领域中的重要基石。

YOLO 系列的网络结构一般由两部分组成：一是用于提取特征的骨干网，骨干网由卷积神经网络组成，用于获得输入图像中表征信息和深层语义的特征图；二是头部，用来预测目标物体的类别和边界框信息。近年来随着一些特征处理方法的提出，通常在骨干网和头部之间插入一些特定层，这些特定层由几个自上而下或自下而上的路径组成，用于获取不同阶段的特征图，通常称这些特定层为颈部。颈部由一系列组合或混合图像特征的网络层组成，将接收自骨干网络的特征图处理后传递到头部，头部负责类别判定和边界框定位。

不同 YOLO 版本的整体网络结构基本类似，大都由骨干网、颈部、头部组成，但每个 YOLO 版本中的子结构会有差异，如 YOLO v2 中骨干网为 DarkNet19，YOLO v4 中骨干网升级为 CSPDarkNet53。表 3.1 列出了部分 YOLO 版本的网络结构。

表 3-1　不同 YOLO 版本的网络结构

YOLO 系列	骨干网	颈部	头部	损失函数
YOLO v1	GoogleNet	None	YOLO： FC⟹7 × 7 × (5 + 5 + 20)	MSE Loss
YOLO v2	DarkNet19	None	Passthrough： Conv⟹13 × 13 × 5 × (5 + 20)	MSE Loss
YOLO v3	DarkNet53	FPN	YOLO v3： Conv⟹13 × 13 × 3 × (5 + 80) ⟹26 × 26 × 3 × (5 + 80) ⟹52 × 52 × 3 × (5 + 80)	MSE Loss
YOLO v4	CSPDarkNet53	SPP、 FPN+PAN 结构	YOLO v4： Conv⟹13 × 13 × 3 × (5 + 80) ⟹26 × 26 × 3 × (5 + 80) ⟹52 × 52 × 3 × (5 + 80)	CIoU Loss
YOLO v5	CSPDarkNet53 Focus	SPP、CSP、 FPN+PAN 结构	YOLO v5： Conv⟹13 × 13 × 3 × (5 + 80) ⟹26 × 26 × 3 × (5 + 80) ⟹52 × 52 × 3 × (5 + 80)	CIoU Loss
YOLO v6	EfficientRep	RepPAN	YOLO v6： Conv⟹20 × 20 × 3 × (5 + 80) ⟹40 × 40 × 3 × (5 + 80) ⟹80 × 80 × 3 × (5 + 80)	SIoU Loss GIoU Loss
YOLO v7	E-ELAN	MP、 SPPCSPC	YOLO v7： Conv⟹20 × 20 × 3 × (5 + 80) ⟹40 × 40 × 3 × (5 + 80) ⟹80 × 80 × 3 × (5 + 80)	GIoU Loss

1. YOLO v2

相较于 YOLO v1，YOLO v2 在继续保持处理速度的基础上，从预测更准确、速度更快、识别对象更多这三个方面进行了改进，其中识别对象由原来的20种扩展到9000种，故YOLO v2也被称为YOLO9000。YOLO v2的主要改进如下：

(1) 批标准化。YOLO v2在卷积层后全部加入BN层，使得网络的每一层输入都进行了批标准化处理。这一改进有助于加快模型的收敛速度，降低一些固有参数(如学习率、激活函数的选择等)的敏感性，并且对每个批次进行标准化处理后，起到了一定正则化效果，使mAP值有了2.4%的提升[62]。

(2) 使用高分辨率图像进行训练。一般而言，图像数据集样本庞大，而标注了边框用于训练的样本相对较少，这主要是由于对边框的标注需要人为手工操作，人力成本较大，所以模型通常先训练卷积层，提取图像特征。YOLO v1使用224 × 224的输入图像来训练卷积层，但在训练目标物体检测时，需要用到更高分辨率的448 × 448输入图像，由于这两个过程要进行切换，对模型的性能会造成一定的损失。而YOLO v2的解决办法是先使用224 × 224图像进行模型预训练，再使用448 × 448的高分辨率图像对模型进行10次微调，使模型逐渐适应448 × 448的分辨率；最后使用448 × 448的样本进行训练，缓解了分辨率突变对性能造成的影响。这一操作将模型的mAP提升了3.7%。

(3) 使用锚框。YOLO v2借鉴了Faster R-CNN引入锚框，即在每个网格上预先设置一组大小不一、长宽比不等的锚框，用来覆盖整幅图像的不同位置以及不同尺寸。这些锚框作为预定义的候选区域，用于指导网络学习目标物体的位置和尺寸。不同于YOLO v1将输入图像分为7 × 7个网格，每个网格设置两个锚框，共产生98个锚框，YOLO v2则是将图像分为13 × 13个网格，每个网格设置9个锚框，因此共有1521个锚框。这一改进在召回率方面，由原来的81%提升到了88%，mAP达到69.2%。

(4) 聚类提取边界框尺寸。对于YOLO v1，边界框都由手工设定，而YOLO v2会根据目标物体尺寸统计出更符合的边界框，从而降低了后续调整边界框的难度。具体做法是对样本数据中标注过的边界框进行聚类分析，尽可能地筛选与标注框相近的边界框，这样帮助网络自动发现适合的锚框尺寸，使得模型能更准确地预测不同尺寸的目标物体。

(5) 直接预测边界框位置。Faster R-CNN 在训练初期，边界框位置预测十分不稳定。YOLO v2 对边界框位置预测的公式进行了调整，使用 Sigmoid 函数直接预测边界框中心的相对位置，而不是预测偏移量。这种方法简化了学习过程，使得模型更加稳定。

(6) 细粒度特征。目标物体有大有小，输入图像经过多次特征提取，在最后的输出特征图中，较小目标物体的可能特征不明显甚至被忽略了。为了更好地检测出一些较小目标物体，最后输出的特征图需要保留一些更细节的信息，YOLO v2 引入 Passthrough 层来保留特征图中的一些细节信息。具体来说，就是在最后一个池化层之前，特征图为 $26 \times 26 \times 512$，将其 1 拆 4，直接传递给 Passthrough 层，与经过一组卷积的特征图进行叠加，作为输出的特征图。此处借鉴了特征融合策略，保留了较小目标物体更多的特征信息，使得模型准确率提升了 1%。

(7) 多尺度训练。YOLO v2 没有全连接层，可以输入任意大小的图像。区别于之前补全图像尺寸的方法，YOLO v2 每迭代几次都会改变网络参数。例如，每 10 个批次网络会随机地选择一个新的图像尺寸，由于下采样参数是 32，因此选出的图像尺寸应为 32 的倍数{320，352，…，608}，即最小为 320×320，最大为 608×608，自动挑选图像尺寸后，继续进行训练过程。这一方法使得 YOLO v2 能适应不同分辨率的输入，能在不同场景下运行。

综上所述，YOLO v2 在多个方面对 YOLO v1 进行了改进，使得 YOLO v2 在速度和准确性之间达到了更好的平衡，成为目标检测领域的一个重要进展。

2. YOLO v3

2016 年 Redmon 对 YOLO v2 进行了一些尝试性的改进，主要的亮点有在骨干网中引入残差结构、使用 FPN 架构实现多尺度检测、使用逻辑回归作为分类器这三方面，改进后的网络结构如图 3-21 所示。

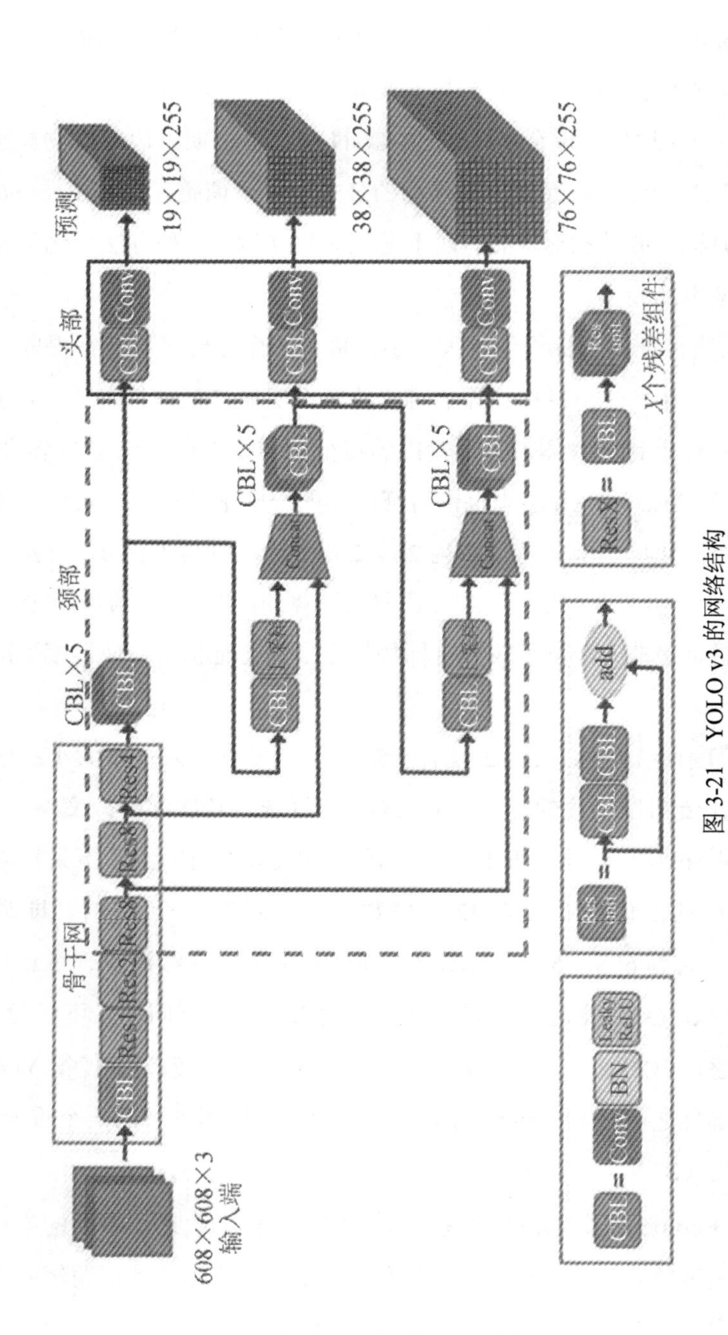

图 3-21 YOLO v3 的网络结构

(1) 骨干网升级为 DarkNet53。YOLO v3 在之前的 DarkNet19 基础上，引入残差结构，并进一步加深了网络，改进后的网络命名为 DarkNet53。DarkNet53 内部运用了当时最新的残差网络思想，主要由多个 1 × 1 和 3 × 3 卷积层组成，每一层卷积后都接一个 BN 层和 LeakyReLU 层构成 CBL(Conv+BN+LeakyReLU) 模块，如图 3-21 中骨干网的结构。引入 BN 层和 LeakyReLU 层是为了防止网络出现过拟合现象。骨干网并没有使用最大池化层来进行下采样操作，而是替换为步长为 2 的卷积进行此操作，即 CBL 模块中的第一个卷积层。每个 CBL 模块都起到了下采样的作用，特征图的尺寸变化为 608→304→152→76→38→19。这样在骨干网的中间层会选取一些特征图与低层的某些特征图拼接，从而实现多尺度融合。

(2) 多尺度检测。为了使模型能够预测不同大小的目标物体，YOLO v3 使用了九种不同尺寸的锚框。锚框的尺寸是基于 COCO 数据集内的图像样本计算得出的结果。由于目标物体的大小不一致，参考特征金字塔[63]的理念，获得三种尺寸的加强特征图，对应着大中小三类预测层，如图 3-22 所示。

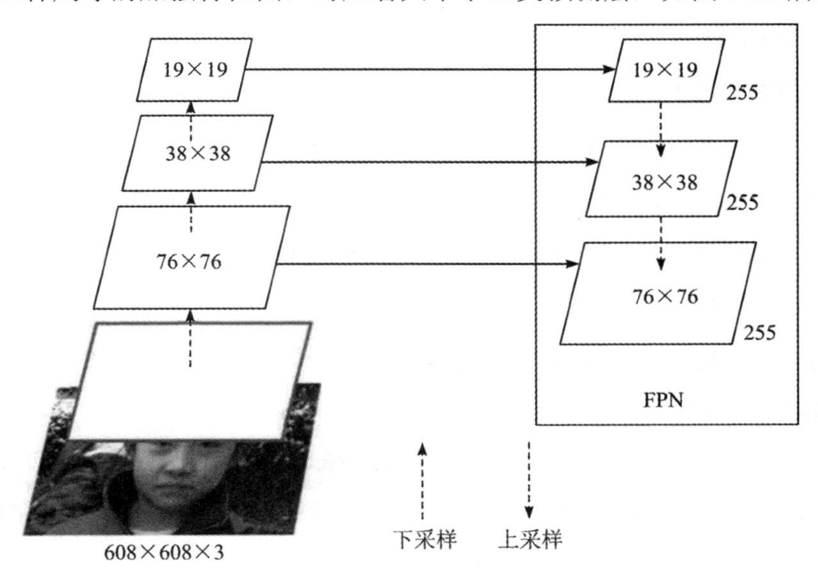

图 3-22　FPN 特征融合结构

在每个预测层中各自配置了三个尺度不同的锚框，每个锚框需要位置信息(x，y，w，h)和置信度共五个参数，再加上 COCO 数据集中的共有 80 个类别，所以通道维度为 $3 \times (5 + 80) = 255$。

在损失函数设置方面，YOLO v3 的置信度损失以及类别损失都由交叉熵损失函数计算得到。实验表明，采用交叉熵损失函数的检测效果更好。

(3) 改进分类器。对待检测目标物体的类别判定方面，之前的网络模型只可以单独对一个类别进行判定，但是在某些复杂环境下，待测目标物体可能不仅仅只属于一个类别，如在交通环境下，某待测物体的类别可能是汽车也可能是卡车，如果依旧沿用之前的单标签进行分类，显然是不合理的。YOLO v3 使用逻辑回归替代了 YOLO v2 中的 softmax 函数，这对于多标签分类任务更合理。

通过上述改进，在 COCO 数据集下与其他主流目标检测算法对比，实验表明 YOLO v3 在保持快速检测的同时，显著提升了检测精度，特别是在处理多尺度目标物体和复杂场景方面表现出色，进一步巩固了 YOLO 系列在实时目标检测领域的地位。

3. YOLO v4

2020 年 Bochkovskiy 等结合近几年 CNN 领域中的优秀处理方法，在 YOLO v3 基础上对数据处理、骨干网结构、网络训练等方面进行了不同程度的改进，使得新推出的 YOLO v4 在检测速度和准确率上都有着显著优势，受到了广大学者及工程人员的欢迎。YOLO v4 通过骨干网提取特征，充分利用多尺度和多层次的融合特征进行目标检测，是一个端到端的网络模型，结构如图 3-23 所示。

YOLO v4 借鉴跨阶段局部网络 CSPNet[64]的思想，对 YOLO v3 的 DarkNet53 进行改进，形成全新的骨干网——CSPDarkNet53。CSPNet 思想是将特征图在通道维度上一分为二，如图 3-24(a)图中的 Part1 和 Part2。Part2 部分经由特征提取模块(如残差块)向后传播，Part1 则跳过了残差模块堆叠的结构

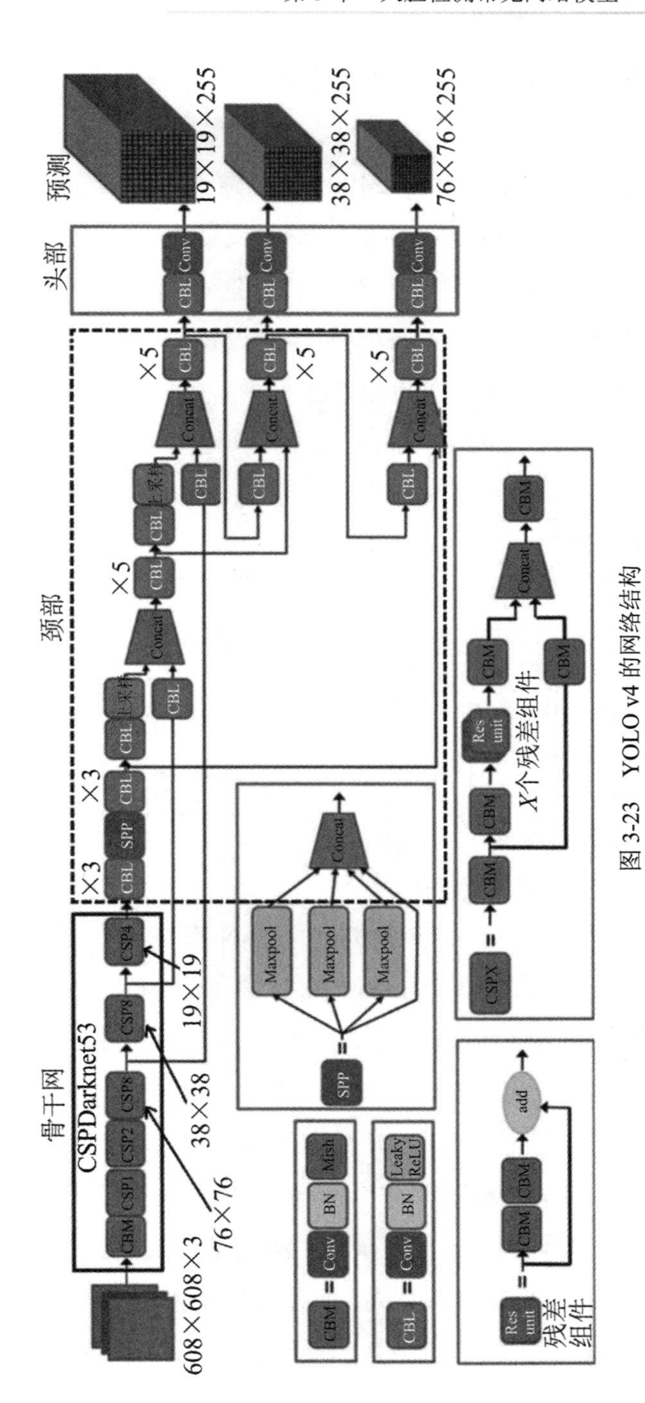

图 3-23　YOLO v4 的网络结构

与 Part2 的输出进行拼接，拼接后进入过渡层。过渡层其实就是卷积池化，用于整合学到的特征，降低特征图的尺寸。在 CSPDarkNet53 中，每个 CSP 模块都会进行特征提取与融合，如图 3-24(b)所示。具体来说，特征图先通过一个下采样层，然后被分成两个分支，其中 Part2 分支经过多个残差块进行深度特征提取，Part1 分支相当于一个跳跃连接，经过少量处理(如使用 1 × 1 卷积进行降维)后与 Part2 分支通过拼接进行特征融合。通过使用这种跨阶段拆分与合并的网络构造，能有效降低特征图梯度信息重复的可能性，增加了梯度组合的多样性，有利于提高网络模型的学习能力，并降低数据的传递量与计算量。

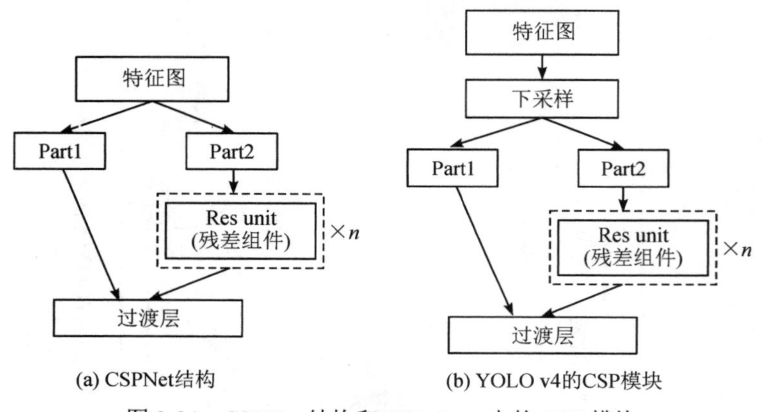

图 3-24 CSPNet 结构和 YOLO v4 中的 CSP 模块

YOLO v4 的颈部加入了 SPP 层和 FPN+PAN 模块。为了增大感受野，显著地分离最重要的上下文特征，YOLO v4 在特征提取后加入了 SPP 层，如图 3-23 中的颈部。SPP 层分 4 条通路，分别使用 13 × 13、9 × 9、5 × 5 和 1 × 1 的池化核进行最大池化操作，最后在通道维度上进行拼接。Bochkovskiy 通过实验证明，采用 SPP 层比单纯地使用最大池化操作，能更有效地增加骨干网特征的接收范围。YOLO v3 中，FPN 自顶向下，将高层特征通过上采样方式进行传递融合，得到多尺度的特征图，YOLO v4 在 FPN 基础上，将路径聚合网[65] (Path-Aggregation Network，PAN)融入进来。PAN 认为底层特征中含有许多边缘位置信息，所以底层特征信息对网络整体的检测能力十分关键。YOLO v4 在 FPN

层后添加了一个自底向上的特征金字塔 PAN，FPN 自顶向下传达强语义特征，PAN 自底向上传达强定位特征，通过 FPN+PAN 的特征融合，可以有效提高目标检测算法的检测能力，特别是对小目标检测效果更佳。YOLO v4 中 FPN+PAN 结构如图 3-25 所示。

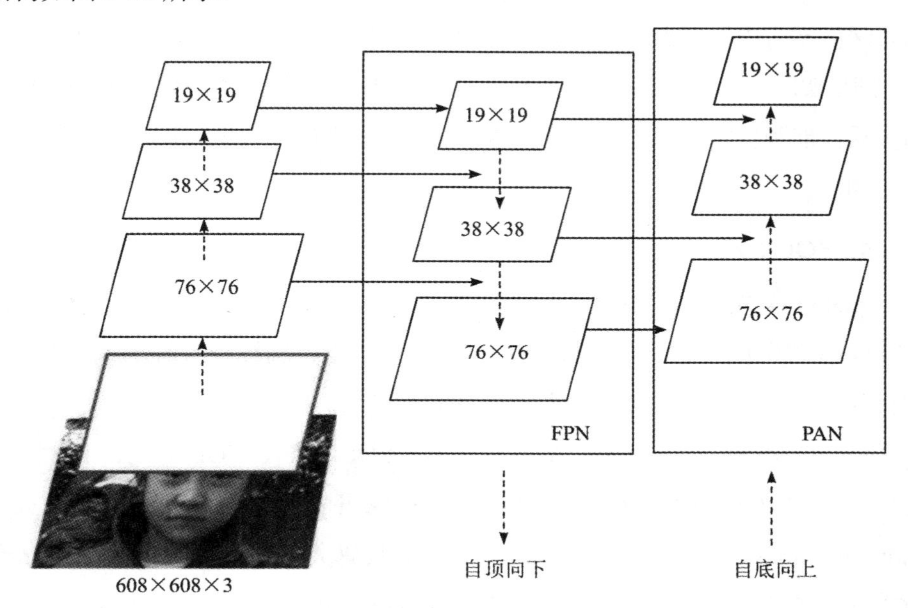

图 3-25　FPN+PAN 结构

在预测部分，锚框机制不变，主要改进是采用 CIoU 作为损失函数。该损失函数不仅考虑了真实框和预测框间的重叠面积、中心点距离，还考虑了真实框和预测框之间的长宽比，使得模型在预测边界框时更加准确。

训练过程中由于数据集的多样性对网络模型有着重要影响，所以当样本空间缺乏或者样本数据量不足时，会出现泛化程度不够、鲁棒性差的情况。YOLO v4 在输入端的改进是，使用了模拟遮挡的 Cutout 方法[66]和多张图像拼接的 Mosaic 方法。Cutout 方法是选择一个固定大小的正方形区域，随机在要处理的图像上进行移动，将重合的区域全部用 0 填充，这样就间接地实现了遮挡的效果。Mosaic 方法则是随机挑选 4 张图像并将其拼成一张图像，这样在训练过程中相当于一次对 4 张图像进行训练，可以显著减少训练过程中批次的大小。

YOLO v4 中还用到了一些改进方法，如骨干网使用 Mish 激活函数来提升检测精度，训练时随机屏蔽一部分连续区域来加强网络的正则化，将标签进行平滑偏移来缓解过拟合等。YOLO v4 作为一个集大成的目标检测网络，结合了当时深度学习中比较流行的一些组件，进一步提升了目标检测算法的性能和精度，满足实际应用的需求，并继续和发展了 YOLO 系列的优势。考虑到 YOLO v4 的优秀性能和实际需求，本书将以 YOLO v4 为基础，实现对图像中人脸的智能检测。

4. YOLO v5

YOLO v4 发布两个月之后，2020 年 6 月 25 日 Ultralytics 公司正式发布了 YOLO v5 代码库，它的性能与 YOLO v4 不相上下，同样是目前技术较为先进的目标检测网络，并且在速度方面超越上一代。

YOLO v5 有 YOLO v5s、YOLO v5m、YOLO v5l、YOLO v5x 四个版本，它们的网络结构基本一样，不同的是模型深度 depth_multiple 和模型宽度 width_multiple 这两个参数，就好比买衣服时尺码大小排序一样，YOLO v5s 是 YOLO v5 系列中深度最小、特征图宽度最小的网络，而其他三种网络都是在此基础上不断加深和加宽的。YOLO v5s 的网络结构如图 3-26 所示。

图 3-26 中 CBL、SPP 和残差组件(Res unit)与之前版本一致，CSP1_X 由 CSPNet 演变而来，该模块由 CBL、X 个残差组件和卷积层拼接组成，CSP2_X 中不再使用残差组件，而是改为 CBL 模块。

YOLO v5 中新增的 Focus 模块是输入图像进入骨干网前，对图像进行切片操作。具体来说，它会在一张图像上每隔一个像素取一个值，类似于邻近下采样，这样做相当于将原始图像分成了四部分，每部分都是原图像的 1/4，但包含了原图中不同部分的信息，如图 3-27 所示。在 Focus 结构中，第一层特征图可获得四个独立的特征层，将这四个特征层进行堆叠，把平面上的信息转移到通道维度，输入通道扩充了四倍，最后将得到的新图像再经过卷积操作，最终

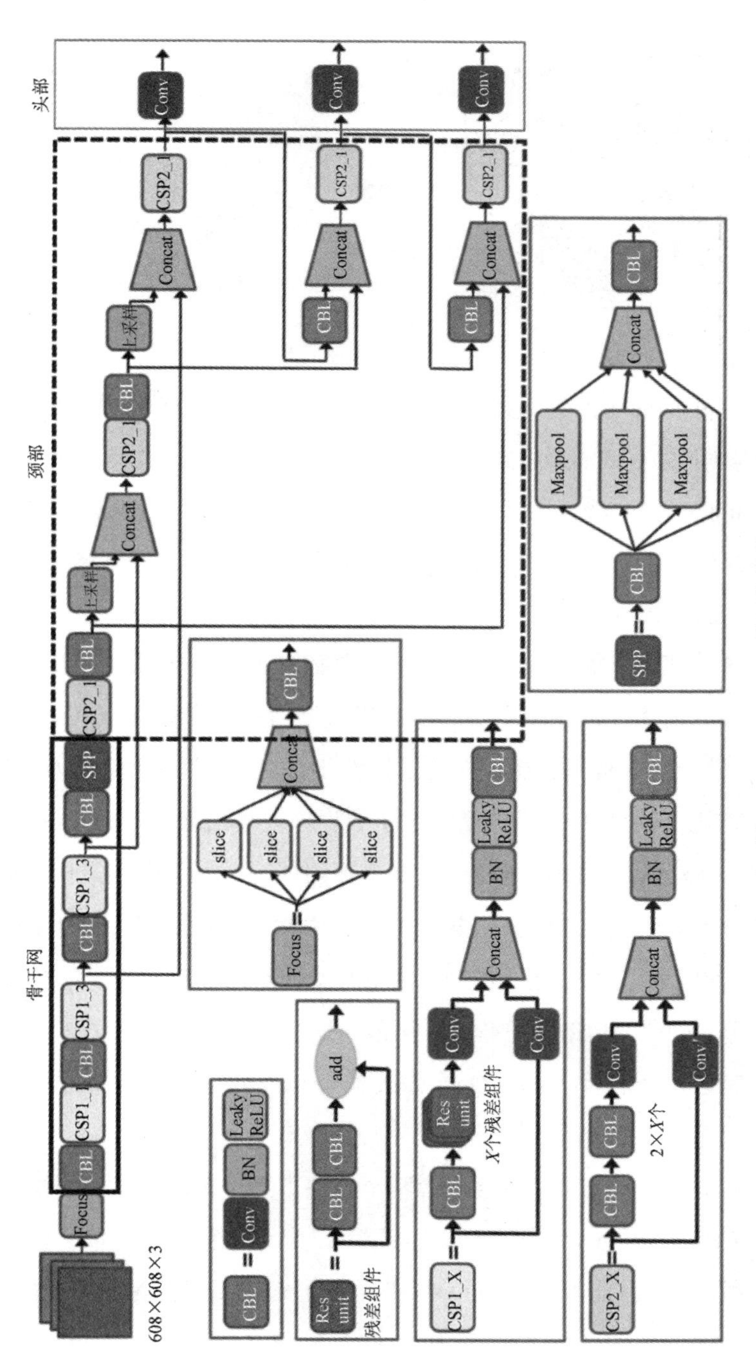

图 3-26　YOLO v5s 的网络结构

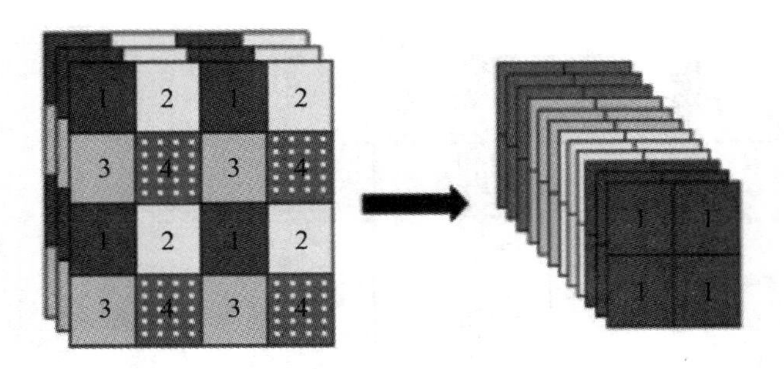

图 3-27 Focus 工作原理示意图

得到了没有信息丢失的 2 倍下采样特征图。以原始 608 × 608 × 3 的输入图像 Focus 模块为例，先变成 304 × 304 × 12 的特征图，再经过一次卷积操作，最终变成 304 × 304 × 32 的特征图。Focus 模块可以在有效减少参数量的同时完整保留原始图像信息，这有助于提升 YOLO v5 的整体性能，使其能够更好地区分和定位不同的目标物体。

YOLO v5 采用了多种技术优化输入端。具体来说，第一，除了使用 Mosaic 形成更多小目标物体外，还使用了其他高级数据增广技术如 CutMix、MixUp 等，这些技术进一步丰富了训练数据的多样性，帮助模型提高泛化能力。第二，YOLO v3、YOLO v4 的初始锚框是通过单独程序运行出来的，YOLO v5 对此进行了整合，每次训练时能自适应地计算出不同训练数据集中的最佳锚框，若效果不好还可以关闭该功能。第三，YOLO 系列中常见图像的尺寸为 416 × 416、608 × 608，但实际中图像长宽比不同，常用方法是将原始图像统一缩放到标准尺寸后，再送入网络。但缩放过程中，可能会出现图像两侧填充了过多的黑色像素，造成信息冗余，因此 YOLO v5 修改了 Letterbox 函数，保障原图像中添加的黑色像素是最少的。

骨干网 CSPDarkNet53 中主要包含两个模块。一个模块是 CSP1 模块，该模块参考了 CSPNet 思想，利用跨阶段分层网络来连接特征图，以尝试不同的梯度组合；虽然 YOLO v4 和 YOLO v5 都是用了 CSP，但在 YOLO v5 中设计了两种 CSP 结构，从图 3-26 中可看出，CSP1_X 应用于骨干网，而 CSP2_X 则应用于颈部中。另一模块是 SPP，SPP 对不同尺度的特征图进行融合，采用了 1 × 1、5 × 5、9 × 9、13 × 13 的最大池化方式，进而提升感受野并将输出统一的固定尺寸。

颈部依然采用 FPN+PAN，其中 FPN 选择自顶向下的路径，将高层语义特征与低层语义特征融合；PAN 则选择了完全相反的路径，将 FPN 中忽视的定位信息自底向上反补给 PAN 结构，有效解决了多尺度融合的问题。稍有不同的是，YOLO v5 中在 CSP2_X 中进行特征融合。

头部包括 CIoU 损失和非极大值抑制。边界框的损失函数，通常采用 IoU 来评估预测框与真实框间的差异；而 DIoU、GIoU 和 CIoU 都是对 IoU 的改进和扩展，是一种更加综合、更加准确的边界框距离度量方式，使用它们可以有效地提升目标检测性能，YOLO v5 采用了 CIoU 损失函数。目标检测任务中，为了避免同一物体有多个预测检测框，YOLO v5 使用了非极大值抑制 NMS，去除冗余候选框。

综上所述，YOLO v5 采用 Mosaic、自适应锚框计算、自适应图片缩放等技术优化了输入端，对骨干网进行了切片操作、使用多个 CSP 模块融合了低层次细节特征和高层次抽象特征，颈部通过 FPN+PAN 和 SPP 提高了检测性能，头部改进损失函数、采用非极大值抑制等，通过一系列创新，大大增强了网络的特征提取能力，使 YOLO v5 算法的适应性更强，在单独 GPU 上实时性也达到较高水平，降低了对硬件的依赖性。

5. YOLO v6 及以上网络模型

YOLO v6 大量吸收了当前最新的一些技术，如网络结构设计、训练策略、测试技术和优化方法等，使它在准确性和速度方面达到了一个最佳权衡，成为高效目标物体检测的工业级标准。YOLO v6 的骨干网采用 EfficientRep，提出小模型使用单路径架构，中大模型使用 CSPStackRep(结合 CSPNet 和 RepBlock 的优点)，适应了不同工业场景下的落地应用。为了在硬件上达到高效推理，且保持较好的多尺度特征融合能力，颈部用 RepBlock 替换了 YOLO v5

中的 CSP，同时对颈部的算子进行调整。头部采用混合通道策略来建立一个更有效的解耦头，具体来说，就是将中间 3 × 3 卷积层的数量减少到只有一个，头部的宽度由骨干和颈部的宽度乘数共同缩放，这些修改进一步降低了计算成本，以实现更低的推理延迟。网络训练时，放弃了传统的锚框思想，使用了无锚框设计，简化了模型结构，使模型更易于优化。总的来说，YOLO v6 特别考虑了硬件的友好性，使得模型能够在不同平台，包括边缘设备上高效运行。

YOLO v7 提出一个新的骨干网架构 E-ELAN。ELAN(Efficient Layer Aggregation Network)是一个高效层聚合网络，通过控制最短和最长的梯度路径，使网络能够学习到更多的特征。YOLO v7 对 ELAN 进行扩展，提出了新的架构 E-ELAN。E-ELAN 使用组卷积来增大通道和计算块的基数，接着将计算块得到的特征图混排到多个组，最后将多个组的特征相加，实现了对 ELAN 的增强。颈部的 MP 模块由常规卷积与最大池化双路径组成，增强了模型对特征的提取融合能力。不管是 E-ELAN 还是 MP 模块，都将特征重用逻辑演绎到了较高的水准，使人眼前一亮。

YOLO v8 偏重工程实践。骨干网中修改了部分模块结构，进一步实现了轻量化。头部改动较大，将分类和检测分离，使用主流的无锚框解耦头和新的损失函数。改进后的 YOLO v8 能够在各种硬件平台上(从 CPU 到 GPU)运行。

YOLO v9 与 YOLO v7 来自同一个研究团队，在设计理念上自然会有所延续，核心内容依旧是轻量化网络结构设计，基于 ELAN 提出了一种全新骨干网结构——GELAN (Generalized Efficient Layer Aggregation Network)。GELAN 的设计同时考虑了参数数量、计算复杂度、准确性和推理速度，允许用户为不同的推理设备自由选择合适的计算块。同时研究团队注意到深度学习网络中，输入数据在前向传播过程中会有所丢失，为了解决该问题，提出了可编程梯度信息，通过辅助可逆分支来提供完整的输入数据。在 COCO 数据集上与 YOLO v8 进行实验对比，YOLO v9 的参数量减少了 49%，计算量减少了 43%，平均精确率提升了 0.6%，展现出强大的竞争力。

本书即将定稿之际，清华大学多媒体智能组于 2024 年 5 月 25 日凌晨发布 YOLO v10，考虑到 YOLO v10 还未得到业界的广泛测试，所以对于这一新版本的技术改进与创新，本书暂且不做阐述。

综上，YOLO 系列作为目标检测任务中一个重要且持续发展的研究方向，在很多实际场景中得到了广泛应用。受限于研究条件、研究团队成员能力、数据集等因素，YOLO v6 以后的网络模型在当前阶段未展开深入研究，但这并不妨碍对目标检测领域的持续关注。同时也应注意到，目标检测网络的发展并不仅仅依靠模型的改进和优化，还需要与其他领域先进的技术融合创新，共同推动计算机视觉领域的发展和进步。

3.4 级联人脸检测网络

3.4.1 Viola-Jones 检测器

在深度学习出现之前，由 Viola 和 Jones 提出的 Viola-Jones 检测器，一直是人脸检测的主流算法，它不仅速度快，而且准确性高。该方法提取 Haar-like 特征作为人脸特征，利用积分图实现快速计算，最后使用 AdaBoost 级联分类器进行判别。Viola-Jones 检测器的工作过程如下：

(1) 利用 Haar-like 特征描述人脸特征。Haar-like 特征利用了人脸的一些先验知识，在人的正脸图像中，眼睛会比脸颊暗淡，嘴唇也会比周围区域暗淡，而鼻子则会比两边脸颊光亮。基于这些特征，创建了如图 3-28 所示的 5 种类型的特征模板，然后用这些特征模板在图像的子窗口中提取标量特征，计算规则是用白色区域的灰度值之和减去黑色区域的灰度值之和。

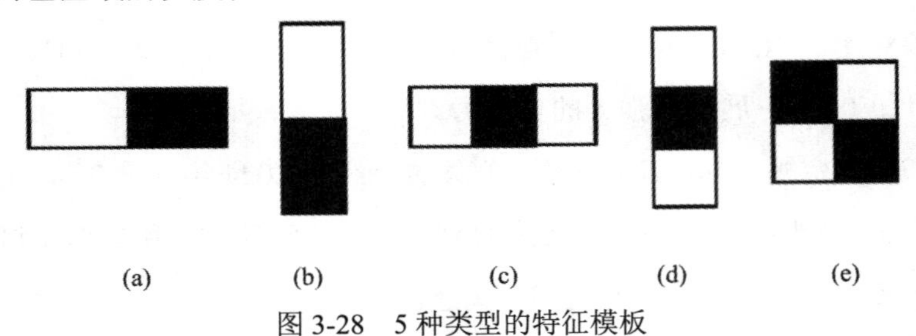

图 3-28　5 种类型的特征模板

(2) 采用积分图实现 Haar-like 特征的快速计算。积分图是受卷积的微分性质启发而定义的一种数据结构图。

(3) 输入 Haar-like 特征，利用 AdaBoost 进行集成学习。将多个子分类器结合成强分类器——AdaBoost 分类器，其中每个子分类器都利用了 Haar-like 特征中的单个特征，且通过一个阈值实现正负类的分类。

(4) 把若干个 AdaBoost 分类器级联起来。在级联分类器下，前一层的分类器会把预测为非人脸的子窗口直接抛弃，而将预测含有人脸的子窗口输入下一层的分类器，因此只有通过所有的分类器检测，才会被判别为含有人脸特征。另外大部分非人脸的子窗口往往在前几级分类器就会被舍弃，所以扫描每个子窗口所需的平均计算量大大减小。

Viola-Jones 检测器中级联结构的设计思想，提升了对人脸检测的处理速度和管理效率。不足之处是只能用于正脸检测，当灯光较暗时或存在遮挡时，可能失效。

3.4.2 Cascade CNN

诞生于 2015 年的级联卷积神经网络 Cascade CNN，是对经典 Viola-Jones 算法的深度实现，可以较快地完成对人脸的检测。Cascade CNN 受到传统级联 AdaBoost 思想的影响，采用级联结构把多个分类器组织在一起，由简单到复杂过滤人脸，并穿插了校正网络，负责对每个检测子网的输出进行校正。Cascade

CNN 的分类网络结构如图 3-29 所示，其中 12-net、24-net 和 48-net 都是二分类网络，负责判断图像中是否含有人脸。

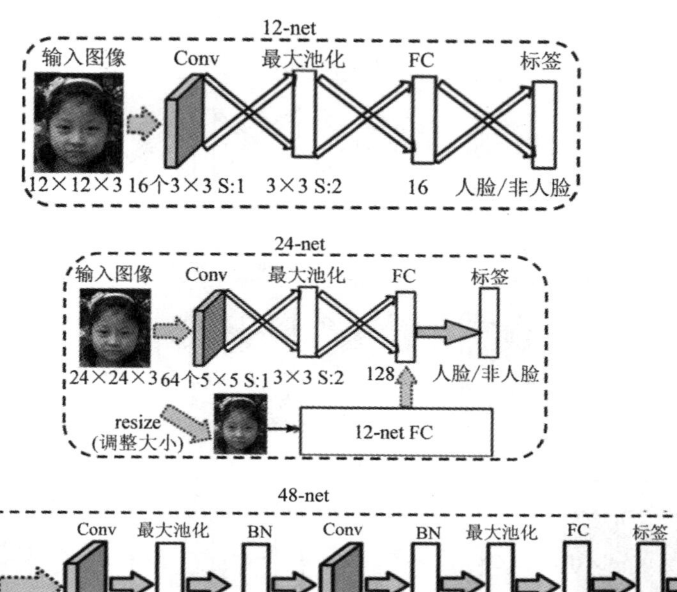

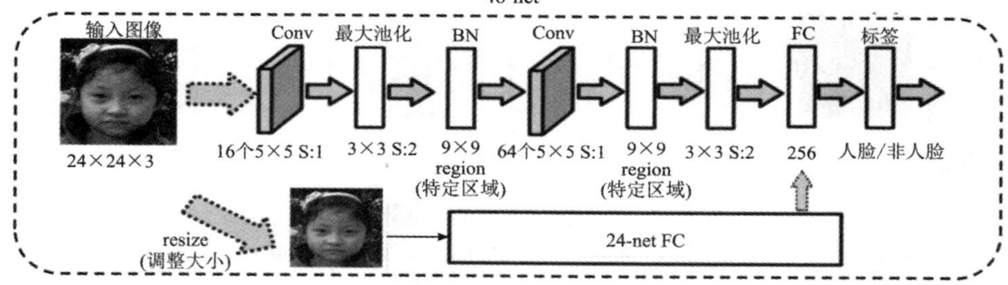

图 3-29　Cascade CNN 的分类网络结构

图 3-29 中，12-net 是一个非常浅的二分类网络，用于生成初始不准确的人脸目标，它使用大小为 12 × 12、步长为 4 的窗口，通过在 $W \times H$ 的输入图像上滑动来获得候选窗口。24-net 是一个中间的二分类网络并且是并联结构，上分支对 24 × 24 原图像进行处理，下分支将原图像尺寸缩小为 12 × 12 后输入 12-net 网络中，得到 12-net 的全连接层结果，与 24-net 网络并联融合后作为下一步的输入，这种多分辨率结构对于小尺寸人脸的检测很友好。48-net 是一个比较复杂的二分类 CNN，同样采用了多分辨率结构，子结构与 24-net 相同。

另外用于校正候选窗口的三个网络 12-calibration-net、24-calibration-net、48-calibration-net 的结构如图 3-30 所示，该校正网络是为了解决候选窗口定位不准的问题。

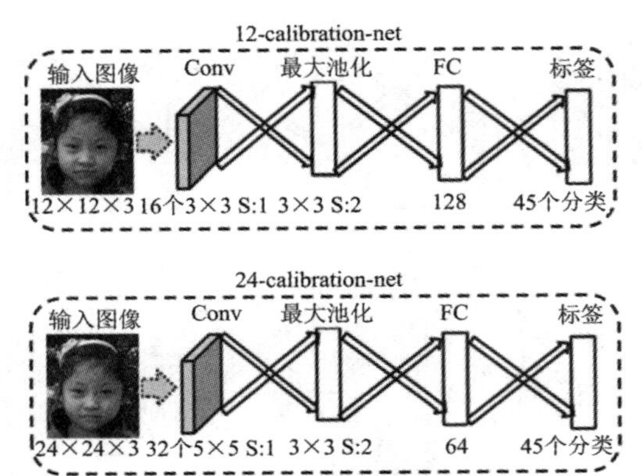

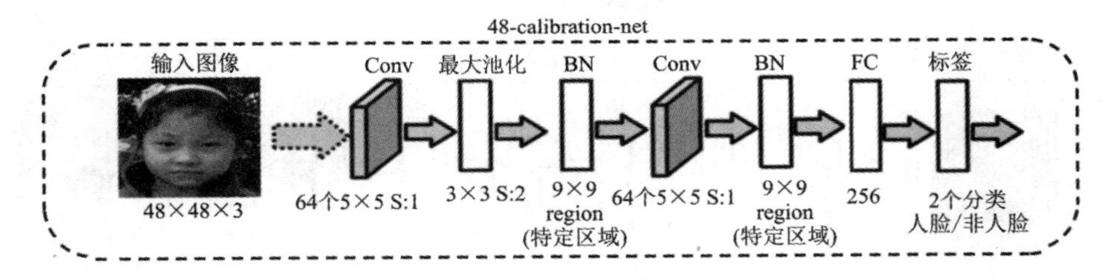

图 3-30 Cascade CNN 的校正网络结构

对于候选窗口的校正，使用三个参数，一个是水平偏移量 x_n，一个是垂直偏移量 y_n，还有一个是宽高缩放比 s_n。校正就是将候选窗口的坐标从 (x, y, w, h) 调整为 $\left(x-\frac{x_n w}{s_n}, y-\frac{y_n h}{s_n}, \frac{w}{s_n}, \frac{h}{s_n}\right)$。

Cascade CNN 的工作流程如下：

第一步：输入一张图像，用 12-net 选择不同尺寸的滑动窗口密集扫描整张图像，该过程能够迅速去除 90%以上的背景窗口。剩下的没有被去除的窗口送入 12-calibration-net，进一步调整窗口的位置和尺寸，然后使用 NMS 去除高度重叠的窗口。

第二步：把第一步得到的窗口调整为 24 × 24，通过 24-net 进一步过滤掉 90% 的背景窗口后，再使用 24-calibration-net 和 NMS 完成校准和消除重合边框。

第三步：把第二步得到的窗口调整为 48 × 48，通过 48-net 筛选人脸边框。先使用 NMS 消除重合的边框，再通过 48-calibration-net 校准后，输出最终结果。

Cascade CNN 采用了级联设计思想，带来的启示有：

(1) 最初阶段的网络结构可相对简单，判别阈值的设置可相对宽松，这样在保持较高召回率的同时可排除大量非人脸窗口；

(2) 最后阶段为了保证检测性能，应设计比较复杂的网络结构，因只需处理剩下的窗口，故网络效率得以保证；

(3) 级联的思想可以帮助组合性能较差的分类器，同时又可以获得一定的效率保证。

Cascade CNN 是一种运行速度较快的人脸检测网络，在 GPU 上检测速度为 100 FPS，在 FDDB 上召回率达 85.1%，准确率达 87%，且网络结构简单好用，在一定程度上可以克服光照、角度等影响，但仍然存在一些问题。Cascade CNN 初期是基于密集滑动窗口的方式来过滤人脸框，在高分辨率图像中检测小尺度人脸时，会消耗巨大的计算资源，还会出现硬件设备限制网络检测性能上限的情况。针对其存在的问题，研究者们提出了多种改进方案，以进一步提高检测效率和精度。

3.4.3　MTCNN

多任务级联卷积神经网络 MTCNN 是 Zhang 等在研究非限制条件下的人脸检测时提出的，采用了级联网络和图像金字塔缩放思想，取得了当时最优的检测效果。研究团队认为人脸检测和人脸对齐存在潜在联系，应将其联合起来。于是 MTCNN 结构中首次将人脸检测和人脸对齐这两个分支结合应用，具有里程碑的意义。

MTCNN 主要由 3 个级联网络组成，如图 3-31 所示，其中 P-Net 可快速生成候选框，R-Net 进行候选框的过滤，O-Net 能生成最终检测框并且标出人脸特征点，这三个网络模块都是多任务网络。

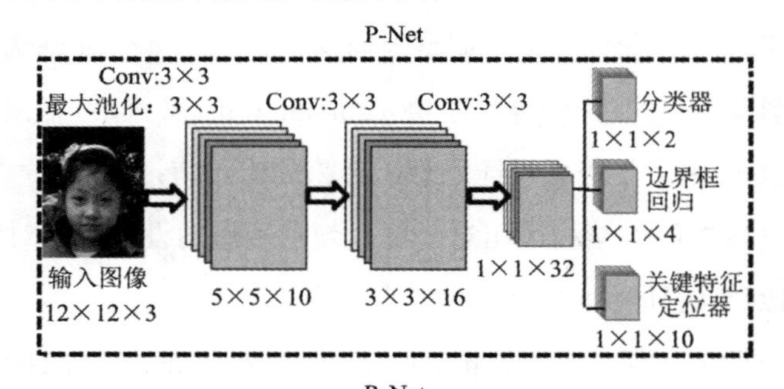

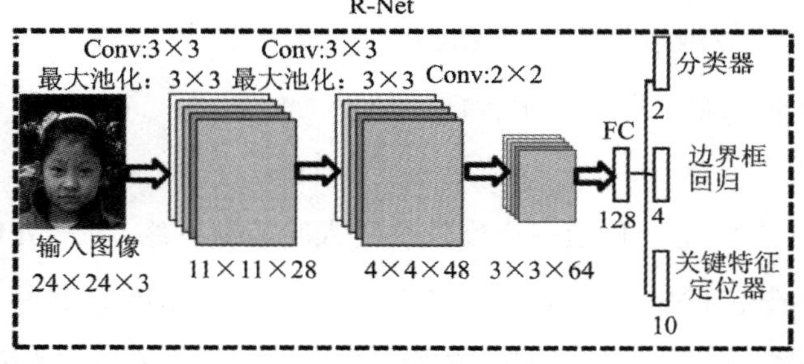

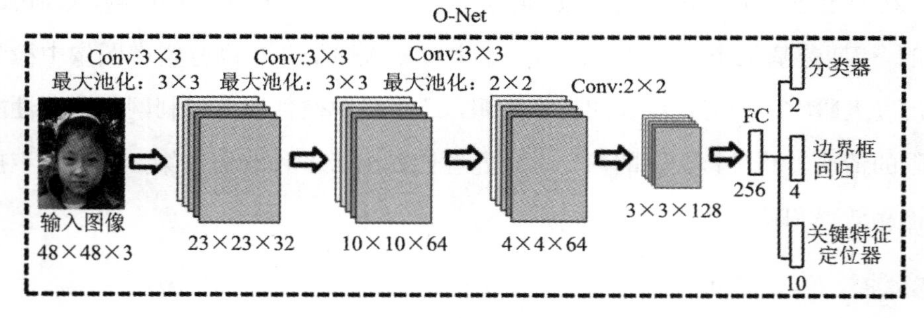

图 3-31　MTCNN 的网络结构

在使用 MTCNN 之前，首先将原始图像缩放到不同尺度，形成一个图像金字塔，然后再输入网络。这样做的原因是，原始图像中的人脸存在不同的尺度，对于比较小的人脸，可以在放大后的图像上检测；对于比较大的人脸，可以在缩小后的图像上检测，这样就实现了在统一尺度下的人脸检测。MTCNN 的工作流程分为三步：

第一步：P-Net 内部含有三个卷积层，一个分类器，一个边界框回归和一个面部关键特征定位器。P-Net 通过三个 3 × 3 卷积层对图像金字塔处理后，采用分类器对人脸和非人脸进行判断，采用边界框回归对候选框进行校准定位，最后使用面部关键特征定位器初步定位出面部候选框，再通过 NMS 进行候选框的过滤。P-Net 主要作用是高效快速地生成面部候选框。

第二步：与 P-Net 相比，R-Net 多了一个全连接层，其主要作用是选择并调整 P-Net 生成的面部候选框，从而过滤出精度较高的面部候选框并对面部区域进行优化。R-Net 使用三个卷积层和一个全连接层完成对 P-Net 所生成人脸候选框的处理，与 P-Net 一样使用边界框回归和面部关键特征定位器处理图像，最终得到可信度较高的人脸区域，并用作 O-Net 的输入。

第三步：O-Net 是一个较为复杂的卷积神经网络，它有四个卷积层和一个全连接层，可以实现与 R-Net 相同的功能。R-Net 所得的人脸区域进行处理后再送入 O-Net，使用四个卷积层以及一个全连接层，完成人脸/非人脸的判别、候选框的校正、面部关键点定位，最后输出人脸区域的位置坐标，同时提供面部的五个特征点(左眼、右眼、鼻子、左嘴角、右嘴角)坐标。

从 P-Net 到 R-Net，再到 O-Net，网络输入的图像越来越大，卷积层的通道数越来越多，内部的层数也越来越多，因此识别人脸的准确率也越来越高。同时，P-Net 的运行速度最快，R-Net 次之，O-Net 最慢。P-Net 先做一遍过滤，将过滤后的结果交给 R-Net 再进行过滤，将过滤后的结果交给效果最好但速度较慢的 O-Net 进行判别，这样在每一步运算之前都减少了需要判别的数量，有效地减少了处理时间。

MTCNN 主要完成人脸/非人脸分类、边界框回归和面部关键特征定位三种任务，在网络训练时需对图像进行不同的标注，包括正负样本、部分人脸图像和标注好的面部特征点坐标。其中，真人脸的 IoU 值小于 0.3 的为负样本，大于 0.65 的为正样本，在(0.45，0.65)区间内的为部分人脸。每个网络的训练都是三种任务同时进行，人脸分类采用交叉熵损失函数，面部关键特征定位被表述为一个回归问题，故边界框回归和面部关键特征点定位都采用欧式距离为损失函数，最终在每个网络训练时，取三个损失函数的加权和作为每个子网络的目标函数。

MTCNN 融合了 Viola-Jones 的级联分类器思想，借鉴了 Cascade CNN 中多个卷积网络由粗到细的分类，在减少子网络的数量和计算量的同时，保持了良好的性能。MTCNN 算法对硬件设备要求低，在个人电脑上可达到实时跟踪检测，并且检测精度较高，对于 640 × 480 大小的图像可以精确标记出 20 × 20 的人脸框，非常适合特定区域范围内的人脸检测。此外，MTCNN 在人脸检测的同时可以对人脸五官进行定位，找到人脸面部的五官特征。但 MTCNN 依然存在瑕疵，当人脸发生尺度变化时，容易造成检测错误；人脸发生遮挡时，部分人脸检测失败；人脸发生一定角度偏转时，无法检测；当图像分辨率降低时，召回率随之也会大幅降低。上述情况在实际应用中十分常见，因此需要提高人脸检测网络的鲁棒性，尤其是在人脸发生多方位偏转的情况下。

3.4.4 PCN

现有不少人脸检测网络都对图像中的直立人脸(即眼睛在上、鼻子在下)实现了高精度的实时检测，但实际图像中经常出现旋转角度的人脸，这些常规网络在此问题上遇到瓶颈，为了折中效率与精度，人们进行了多种不同方法的尝试。

目前针对平面内旋转人脸的检测，常用方法有数据增广、分治法和旋转路由法。其中，数据增广法较为简单，仅对数据进行扩充，使数据集中包含任意角度下的人脸；但在训练网络时，数据增广法需要大量的数据，以及很深的网络来学习不同角度下的人脸，在诸多场景下不能满足实时性的需求。分治法由多个分类器组成，每个分类器负责检测一定旋转角度的人脸；由于分治法包含有多个小网络检测器，致使带来检测时间成倍增长，也带来更多的误检率。旋转路由法是使用一个旋转路由网络，预测人脸候选框的旋转角度，之后将其转正并判别是否为人脸；旋转路由法在效率和精度上均有不错的表现，但是人脸的旋转角度预测本身就是一个很难的任务，错误角度预测会降低检测精度。针对这一问题，2018 年 Shi 等提出的实时角度无关人脸检测模型，利用渐进式校准网络 PCN 进行旋转不变的人脸检测，在保持实时性的同时实现角度无关的高精度人脸检测。

PCN 是一种渐进式网络，由三个阶段组成，每个阶段都是基于 CNN，不仅可以区分人脸与非人脸、对人脸候选窗口进行边界框回归，还可以逐步校准，使每个候选人脸的平面旋转(Rotation-in-plane，RIP)方向为正，是一个多任务的级联网络。PCN 网络结构与 MTCNN 类似，如图 3-32 所示。在给定一幅图像的情况下，根据滑动窗口和图像金字塔原理，得到所有的人脸候选窗口，每个候选窗口依次经过检测器。在每个阶段之后，使用非极大值抑制 NMS 合并那些高度相似的候选对象，最后标记出筛选后的人脸，并且得到人脸的旋转角度。

PCN 检测第一阶段主要进行人脸与非人脸的分类、边界框回归以及校准，目标函数为

$$\min_{F1} L = L_{\text{cls}} + \lambda_{\text{reg}} \cdot L_{\text{reg}} + \lambda_{\text{cal}} \cdot L_{\text{cal}} \tag{3-13}$$

式中，L_{cls}为交叉熵损失函数，用于区分人脸与非人脸；L_{reg}为边界框回归函数；L_{cal}为以二分类的方式预测候选人脸粗略的旋转角度；λ_{reg}、λ_{cal}是用于平衡不同损失的参数。

PCN 将输入图像，依然通过滑动窗口和图像金字塔原理穷举出所有可能的人脸位置，送入第一阶段的 PCN-1 中回归并更新边界框，根据人脸主方向粗略预测的 RIP 角度旋转更新候选人脸。PCN-1 阶段的旋转角度θ_1的计算公式为

$$\theta_1 = \begin{cases} 0^\circ, & g \geqslant 0.5 \\ 180^\circ, & g < 0.5 \end{cases} \tag{3-14}$$

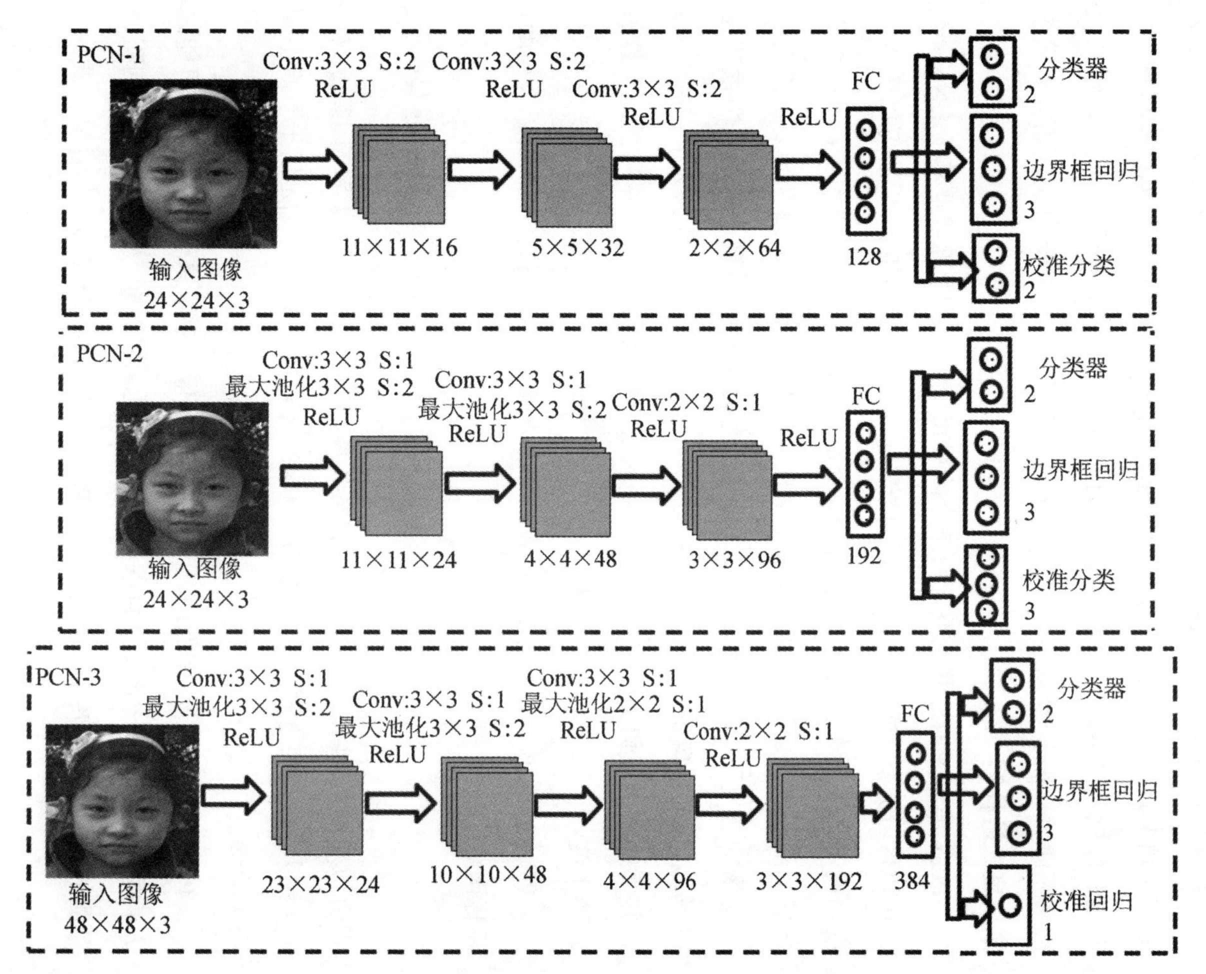

图 3-32 PCN 网络结构

具体来说，$\theta_1 = 0°$ 表示候选人脸的方向朝上，即正面且正常姿态的人脸，因此该候选人脸不需要旋转；$\theta_1 = 180°$ 表示候选人脸的方向朝下，需要将其旋转 180°，使得人脸朝上，呈现出正面且正常姿态的人脸。因此，RIP 角度的范围从[−180°，180°]减小到[−90°，90°]。

与第一阶段的 PCN-1 相似，第二阶段的 PCN-2 的目标则是为了更进一步对人脸与非人脸进行更准确的分类、边界框回归和校准候选人脸。这一阶段的粗略预测与 PCN-1 的不同之处在于 RIP 角度的三分类，即[−90°，−45°]、[−45°，45°]、[45°，90°]，第二阶段粗略预测 RIP 角度的旋转标定由公式(3-15)得出。

$$\theta_2 = \begin{cases} -90°, & \text{id} = 0 \\ 0°, & \text{id} = 1 \quad (\text{id} = \underset{i}{\operatorname{argmax}}\, g_i) \\ 90°, & \text{id} = 2 \end{cases} \tag{3-15}$$

式中，g_0、g_1 和 g_2 为人脸主方向粗略预测的 RIP 角度。根据分类网络得到的 id 不同，候选人脸再依据 id 需相应地旋转−90°，0°，90°。经过这个阶段，所有的 RIP 角度都在[−45°，45°]范围内。

经过第二阶段之后，所有的候选人脸都旋转变化到 RIP 范围的正四分之一，即[−45°，45°]。因此，第三阶段的 PCN-3 可以很容易并且很准确地区分出人脸与非人脸，并进行边界框回归。由于 RIP 角度在前两个阶段已经被缩小到一个很小的范围，因此 PCN-3 不需要像 PCN-1 和 PCN-2 粗略预测 RIP 角度，便可直接得出精确的候选人脸旋转角度 θ_3。

RIP 角度的预测采用了由粗到细的级联回归模型。对于候选人脸的 RIP 角度，是三个阶段 RIP 角度的总和，即 $\theta_{\text{RIP}} = \theta_1 + \theta_2 + \theta_3$，特别是 θ_1 只有两个值，0° 或 180°；θ_2 有三个值，0°，−90°，90°；θ_3 的取值范围是[−45°，45°]。

最后候选人脸的总平面内旋转角度 RIP 可表示为

$$\theta_{\text{RIP}} = \theta_1 + \theta_2 + \theta_3 \tag{3-16}$$

图 3-33 是计算人脸旋转 RIP 角度的示意图，逆时针为负。

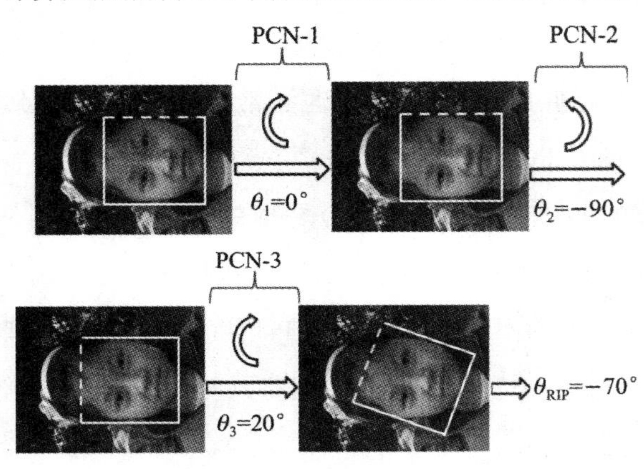

图 3-33 人脸 RIP 角度计算示意图

PCN 在早期阶段只粗略预测 RIP 方向，增强对多样性样本的鲁棒性，而且也有利于后续检测；然后通过逐步缩小 RIP 的范围，减少人脸和非人脸的误差，从而提升人脸检测精度；最后将难度较大的旋转角度预测分解为多个小任务，每一个小任务都比较简单，这使得校准的整体难度降低。PCN 在前两个阶段先用较小的 CNN 过滤掉简单的负样本，再用大的 CNN 鉴别难度较大的负样本，大大提高了检测速度。

综上所述，PCN 采用先进行人脸矫正，再进行只有正脸的人脸网络训练方法，极大地减少了人脸检测的时间，提高检测的空间效率，因此本书借鉴 PCN 对人脸角度的预测和检测思路，平衡对人脸检测的速度与精度。

3.5 本章小结

本章主要介绍了基于卷积神经网络的常见人脸检测模型，在通用目标检测方面具有代表性的有双阶段检测网络 R-CNN 系列、单阶段检测网络 YOLO 系列和 SSD；级联人脸检测网络主要有级联卷积神经网络 Cascade CNN、多任务级联卷积神经网络 MTCNN、渐进式校准网络 PCN。通过对多种网络结构的分析，阐明人脸检测的主要流程，并辨析各网络的优缺点，为后续改进人脸检测技术研究做好铺垫。鉴于单阶段目标检测网络在速度和精度上的良好表现，本书基于单阶段目标检测网络实现高效快速的人脸检测。

第4章 一种融合注意力机制的人脸检测技术

随着卷积神经网络的发展，人脸检测网络结构越来越复杂，参数量越来越多，对内存和计算能力的要求随之也越来越高。复杂的网络结构往往使模型整体运行速度变慢，训练难度增加，在计算成本较低的设备上难以实现部署应用。轻量级人脸检测网络虽然检测速度快，能较好地满足实际需求，但人脸检测精度低，人脸定位也不准确，尤其对密集人脸、小人脸、有遮挡等复杂环境下的检测。为了快速、准确地检测出复杂背景下的人脸目标，本章提出一种融合注意力机制的深度可分离残差网络 DSRAM。DSRAM 以 YOLO v4 为基础，引入改进深度可分离残差块 Idsrm，融合视觉注意力机制对深层特征进行重新加权，能更充分利用图像的深层特征，提升网络对复杂场景的理解能力，减少遮挡和密集等无用信息的干扰，克服因人脸目标密集或重叠、尺度不一、有遮挡等导致的误检和漏检，实现对人脸有效目标信息的准确提取，提高网络的性能。

4.1 注意力机制

众所周知，人之所以能快速准确地从海量图像中筛选出自己感兴趣的信息，与人眼视觉注意力机制密不可分。目前，计算机作为处理图像信息能力最强的工具之一，如果将注意力机制引入，那么图像处理将会变得更高效快捷，并能为图像目标检测、识别与跟踪等应用提供新思路。

对于普通的卷积神经网络而言，上一层输出的每一张特征图都包含着图像的不同特征和属性信息，这些信息在传入下一个卷积层时，由于缺乏对它们的选择性关注，可能导致最终学习到的特征包含大量的冗余信息。为了解决此问题，研究者们提出在卷积神经网络中引入注意力机制。注意力机制的作用是让网络有效地模拟人类大脑分析和处理视觉信息的注意力过程[67]，动态地对输入图像特征的权重进行调整，关注对于当前任务较为重要的特征，而忽略那些相对不重要的特征，其目的是提升网络的性能如 SENet，通过对特征图的空间维度进行压缩，经过多层卷积学习通道方向上的注意力权重，标注出对结果贡献较大的通道，进而提升网络分类的准确性。2018 年由 Woo 等[68]提出的卷积块注意力模块(Convolutional Block Attention Module，CBAM)，是混合注意力机制中的典型代表，可以无缝插入到 CNN 中。CBAM 主要包含两个独立的子模块，即通道注意力模块(Channel Attention Module，CAM)和空间注意力模块(Spatial Attention Module，SAM)，CBAM 的结构如图 4-1 所示。

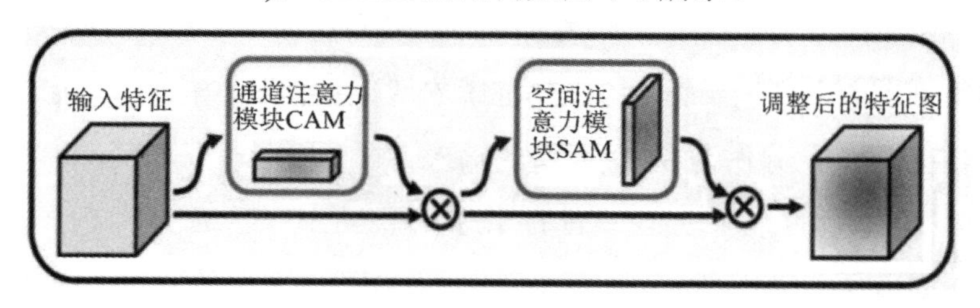

图 4-1　CBAM 的结构

CBAM 首先对输入特征图进行通道注意力模块处理，得到处理结果后，再经过空间注意力模块处理，最终得到调整后的特征图。

通道注意力模块负责分析不同通道间特征图的关系，每一个通道的特征图都可以作为一个特征检测器，通过通道注意力模块可以让网络学习到应该重点关注哪些通道。具体地，在通道注意力模块中，输入 $H \times W \times C$ 的特征图，首先对输入特征图在空间维度上分别执行全局平均池化和全局最大池化操作，来聚合特征映射的空间信息，如图4-2所示；其次将得到全局平均池化和全局最大池化的两个 $1\times1\times C$ 的空间描述，送入到由多个全连接层组成的多层感知机(Multilayer Perceptron，MLP)中进行学习，MLP 负责学习通道维度的特征，以及各个通道的重要性；最后 MLP 输出两个空间描述，将这两个空间描述相加，并通过 Sigmoid 激活函数处理后，最终输出通道权重系数 $N_c(F)$，对应计算公式为

$$\begin{aligned}N_c(F) &= \sigma\{\mathrm{MLP}[\mathrm{AvgPool}(F)] + \mathrm{MLP}[\mathrm{MaxPool}(F)]\} \\ &= \sigma\{W_1[W_0(F_{\mathrm{avg}}^c)] + W_1[W_0(F_{\mathrm{max}}^c)]\}\end{aligned} \tag{4-1}$$

式中，σ 表示 Sigmoid 函数。

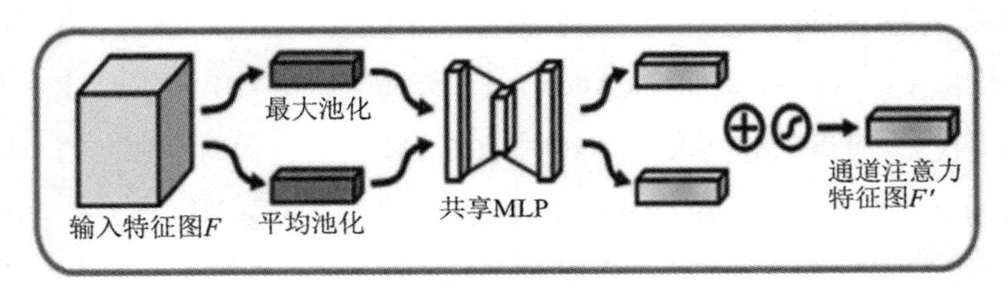

图4-2　通道注意力模块 CAM

将得到的通道权重系数与输入特征图 F 逐元素相乘，得到具有通道注意力机制的特征图 F'，并作为 SAM 模块的输入。

$$F' = N_c(F) \times F \tag{4-2}$$

在空间注意力模块，网络要学习到重点关注特征图中的哪些区域。具体地，首先对输入特征图 F' 进行全局平均池化和全局最大池化(在通道维度进行池化，压缩通道大小，便于后面学习空间的特征)，如图4-3所示；其次将全局平均池化和全局最大池化得到的两个 $H\times W\times1$ 的结果在通道维度上拼接，得到特征图维度是 $H\times W\times2$；最后利用 7×7 卷积核对 $H\times W\times2$ 进行卷积，得出 $H\times W\times1$ 的特征图，通过 Sigmoid 激活函数处理后，输出空间权重系数 $N_s(F')$，对应计算公式为

$$
\begin{aligned}
N_s(F') &= \sigma(f^{7\times7}([\mathrm{AvgPool}(F');\ \mathrm{MaxPool}(F')])) \\
&= \sigma(f^{7\times7}([F_{\mathrm{avg}}^s;\ F_{\mathrm{max}}^s]))
\end{aligned}
\tag{4-3}
$$

式中，σ 表示 Sigmoid 函数。

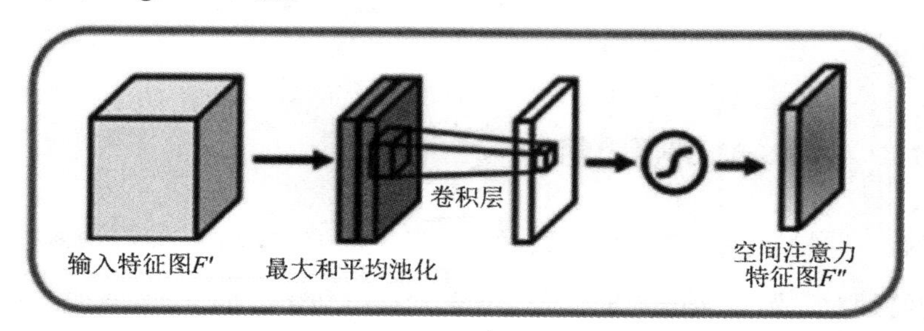

图 4-3　空间注意力模块 SAM

将输入特征图 F' 和空间权重系数 $N_s(F')$逐元素相乘，得到具有空间注意力的特征图 F''，具体计算式为

$$
F'' = N_s(F') \times F' \tag{4-4}
$$

CBAM 通过有效结合通道注意力模块和空间注意力模块，对输入特征进行标注以生成更精细的注意力，来增强或抑制图像信息。CBAM 模块即插即用，能有效提高网络的特征表征能力和泛化性，多应用于图像分类、目标检测等领域。除此之外还有一些注意力网络如坐标注意力[69]，为解决全局池化时编码空间无法保存位置信息的问题，针对输入特征图对每个通道沿水平和垂直方向进行编码，构建的注意力模块在捕获远距离依赖关系的同时保存位置信息，从而能够准确地定位感兴趣的目标，进而显著地提升性能。Wang 等提出轻量高效的平衡注意力机制 BAM[70]，应用于单幅图像超分辨率重建任务。Qin 等认为全局平均池化只是保留了低频率信息，可将通道表示问题视为使用频率分析的压缩过程，进而提出了 FcaNet[71]，该方法优于其他通道注意力方法。随着多种融合注意力机制网络的不断涌现，为解决计算机视觉领域的相关任务提供了新思路。

4.2 基于 YOLO v4 和注意力机制的人脸检测网络 DSRAM

4.2.1 DSRAM 的整体结构

现有人脸检测网络在特征提取时，大量更深层的特征信息提取难度大，提取出的特征对人脸表达能力弱，容易造成人脸识别精度偏低。为克服上述问题，提出一种既轻量又高效的人脸检测网络 DSRAM。DSRAM 以 YOLO v4 为基础，引入更加平衡、高效的改进深度可分离残差块 Idsrm 来进行特征提取，提高网络整体的检测效率；DSRAM 融合注意力模块 Am，对特征图中的信息进行重新标定，选择性地强调有用特征，抑制不太有用的特征，同时借鉴特征融合思想，将高层特征与浅层特征进行融合，从而得到包含更多信息的特征向量，提高特征向量的丰富性及代表性。DSRAM 的整体结构如图 4-4 所示。

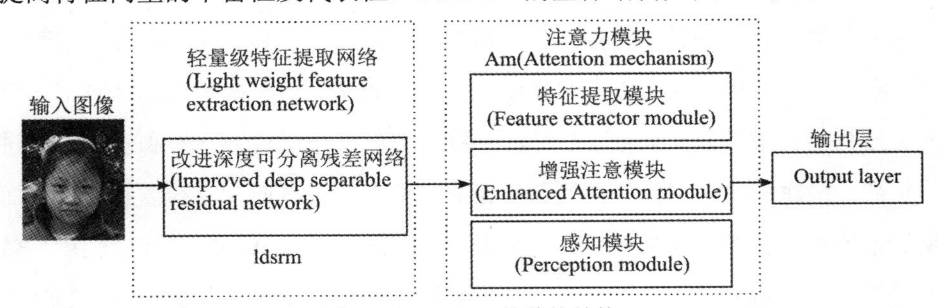

图 4-4　DSRAM 的整体结构

DSRAM 的创新点有：

(1) 引入改进深度可分离残差块 Idsrm，替换原 YOLO v4 中的 CSP 模块。在 Idsrm 中，使用 1 × 1 的 CBL 模块扩张通道便于特征提取，引入深度可分离卷积进一步减少模型运算量，并使用 1 × 1 的 CBL 模块进行降维，以提升后续网络的计算效率，DSRAM 详细网络结构如图 4-5 所示。

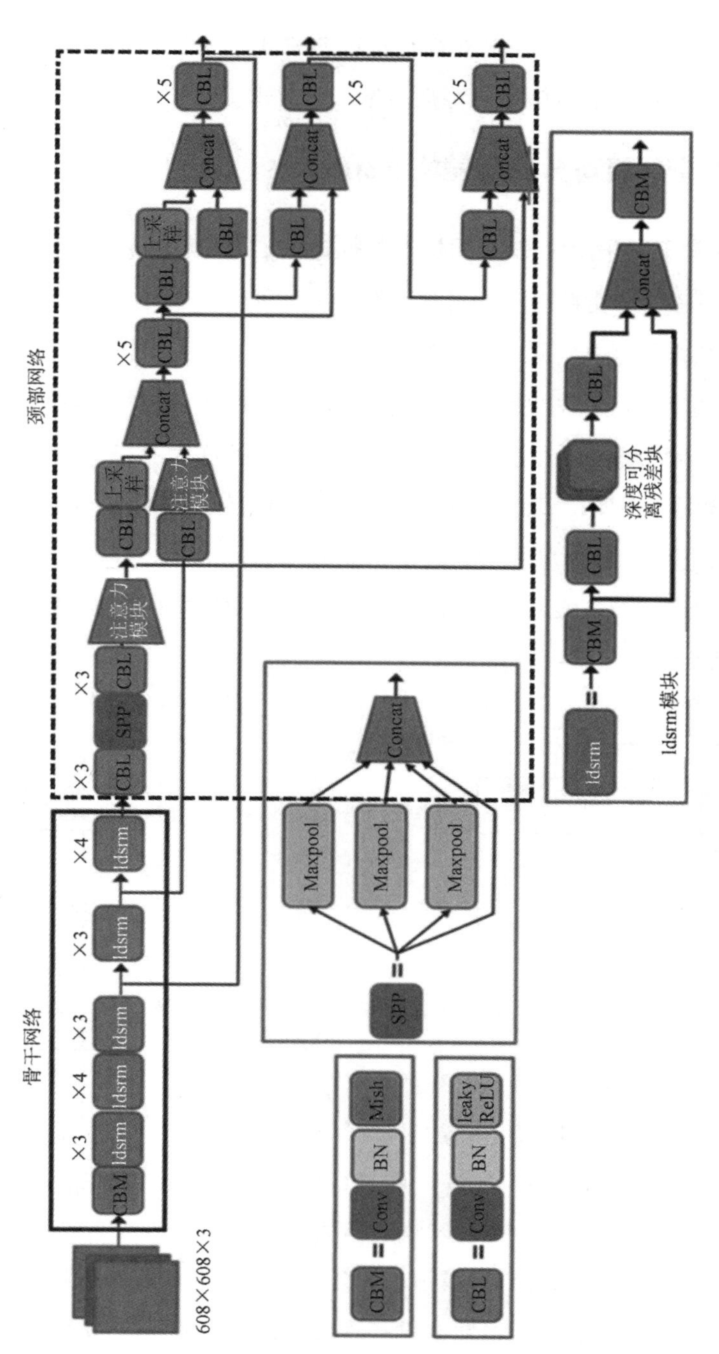

图 4-5　DSRAM 的详细网络结构

(2) 使用注意力模块 Am 提升对高层特征的关注，并对不同层级的特征进行融合，从而得到包含更多信息的特征向量，以此来提高识别的准确率。

4.2.2 改进深度可分离残差块 Idsrm

YOLO v4 骨干网采用了 CSP 模块，其执行过程为：首先输入数据经过卷积层改变维度；接着分为两分支，右分支作为主干部分在循环中进行迭代，得出权重与输入数据的运算关系，左分支建立独立的残差边，对输入数据进行少量处理后直接输出；最后，对两分支输出数据进行拼接，作为最终的输出结果，如图 4-6(a)所示。采用 CSP 模块是为了分开梯度流，使梯度流在不同路径上传播，以便网络学习到更多梯度流的相关性差异；同时通过减少循环堆叠计算量，降低算力消耗，提升运算速度和网络的学习能力。为进一步提升网络运算速度，满足人脸实时检测任务需求，本节将 YOLO v4 骨干网中的 CSP 模块改进为 Idsrm，具体结构如图 4-6(b)所示。

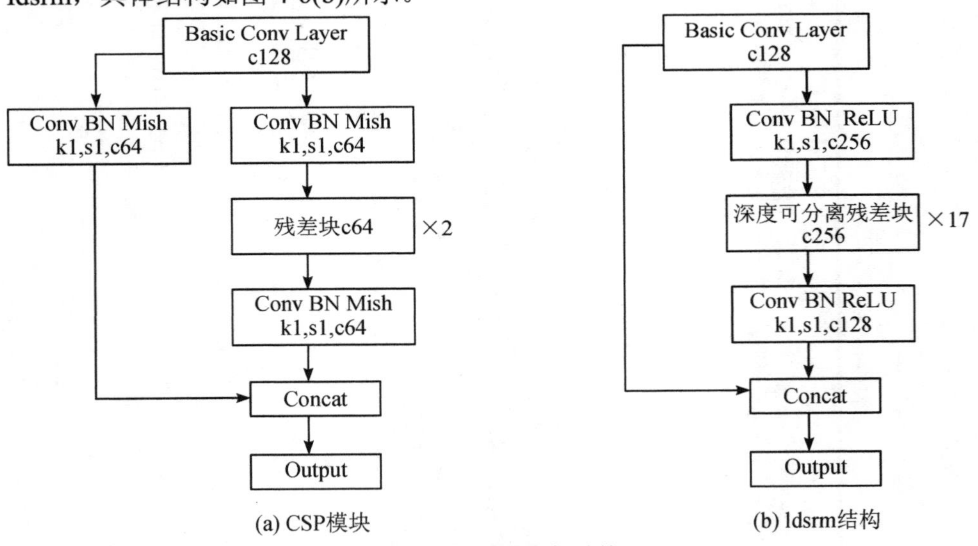

(a) CSP模块　(b) Idsrm结构

图 4-6　不同残差网络结构

Idsrm 延续了 CSP 模块分开梯度流的思想，也是将输入数据经过卷积层改变维度后分为两分支，左分支将数据直接连接到最后，右分支进行了改进。

Idsrm 右分支的执行过程为：首先通过 1 × 1 的 CBL 模块扩张通道，如图 4-6(b)中的通道数由 128 扩张到 256；然后引入深度可分离残差块，使用深度可分离卷积运算，来减少网络计算量；最后使用 1 × 1 的 CBL 模块进行降维，与左分支数据拼接后，作为最终输出结果。

深度可分离卷积最早出现在一篇名为 *Rigid-motion scattering for image classification* 的博士学位论文中，但让大家熟知的则是 Google 团队推出的两个著名模型——Xception 和 MobileNet。深度可分离卷积运算非常简单，它对输入特征图的每个通道分别使用一个卷积核(即深度卷积)，然后将所有卷积核的输出再进行拼接，得到最终的输出(即逐点卷积)，其执行过程如图 4-7 所示。

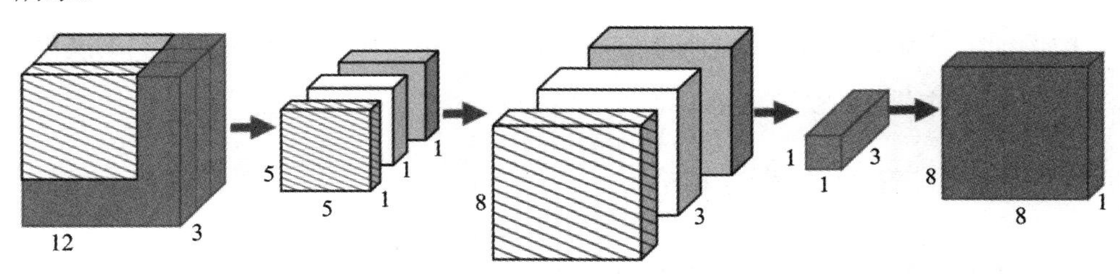

图 4-7　深度可分离卷积示意图

深度可分离卷积运算的具体步骤为：

第一步：原图尺寸为 12 × 12 × 3，使用三个独立卷积核 5 × 5 × 1 分别对 3 个通道做卷积，提取对应通道的特征信息。此时得到特征图的尺寸为 8 × 8 × 3，通道数保持不变。

第二步：用卷积核 1 × 1 × 3 对特征图再次做卷积，可得到和正常卷积一样的 8 × 8 × 1 的特征图，此时改变了通道数。

深度可分离卷积简单地说就是将正常卷积分成了两部分，对每一通道进行单独卷积后再将特征图结合起来，这样操作不仅减少了参数量和运算量，还能很好地表达图像特征。

在图 4-6(b)的 Idsrm 中，假设输入图像为 $W \times H \times C_{in}$，输出通道为 C_{out}，

卷积核大小为 $K \times K$，标准卷积在一次运算过程中的参数量为 $K \times K \times C_{in} \times C_{out}$，而深度可分离卷积的参数量，则是首先通过 $K \times K$ 个卷积核，按 C_{in} 个不同通道分别对输入图片进行按位相乘，得到第一步结果，参数量为 $K \times K \times C_{in}$，此时图像宽高有变化，但通道数不变；其次，使用 $1 \times 1 \times C_{in}$ 卷积核对第一步结果进行卷积运算，参数量为 $C_{in} \times C_{out}$，故深度可分离卷积的总参数量为 $K \times K \times C_{in} + C_{in} \times C_{out}$，相较于普通卷积运算，参数量大大减少。

综上所述，DSRAM的骨干网中采用改进深度可分离残差块Idsrm替代CSP模块，Idsrm由1个CBL模块和17个步长不一的深度可分离残差块组成，最后再由1个CBL模块进行降维。在深度可分离残差块中，使用深度可分离卷积运算替代标准卷积运算，有效减少了骨干网络的体积与参数量。Idsrm的结构设计，可降低模型总体的计算消耗，从而提高自然环境下人脸检测的速度，有利于实时人脸的快速检测。

4.2.3 注意力模块 Am

当前许多优秀算法，在准确率提升上往往依赖较为复杂的骨干网络，如把骨干网络替换成ResNet101的深度残差结构，或是使用类似FPN的自上而下的特征融合，这都是在牺牲前向速度的前提下来提升精度。而DSRAM则是通过引入注意力模块Am来聚焦人脸特征信息，使网络具备了更强的表征能力，保障了检测的准确性。

图4-5每组Idsrm模块中，CBM的卷积核大小都是 3×3，stride=2，可以起到下采样的作用。对于 $608 \times 608 \times 3$ 的输入图像，特征图变化规律是608→304→152→76→38→19，在 38×38、19×19 高层特征图后引入注意力模块Am，提取高层特征图中的注意力有效权重，增强整个网络的特征提取能力。注意力模块Am由三部分组成：特征提取器、增强注意模块和感知模块，如图4-8所示。

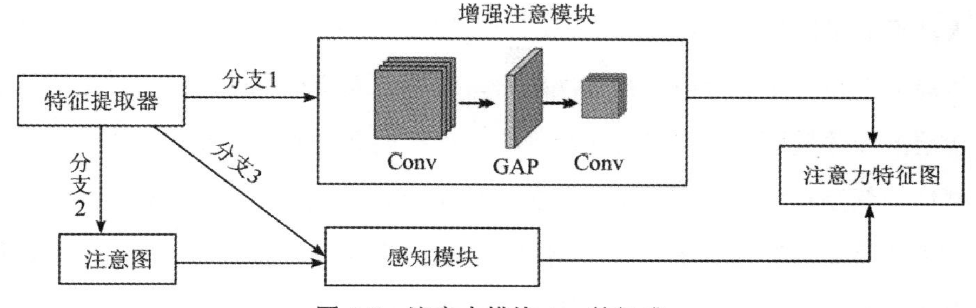

图 4-8　注意力模块 Am 的组成

注意力模块 Am 的特征提取器，接收从骨干网的高阶 Idsrm 块提取的 K 个高阶特征，然后对 K 个高阶特征分三个分支进行处理，具体为：

分支 1：增强注意模块，主要是关注重要特征。通过对重要特征加强训练来提取更深层的特征。增强注意模块有一个 $K \times 3 \times 3$ 卷积层、全局平均池化层 GAP、3×3 卷积层。

分支 2：为了聚合 K 个特征图，与 $1 \times 1 \times 1$ 内核进行卷积，生成 $1 \times h \times w$ 特征映射，并使用 Sigmoid 函数归一化后得到 $1 \times h \times w$ 特征图作为注意机制的注意图。

分支 3：把多个高阶特征与注意图进行点积运算，最终由感知模块按照公式(4-5)或公式(4-6)输出注意力机制下的特征图。

$$g'(X_i) = M(X_i) \times g(X_i) \tag{4-5}$$

$$g'(X_i) = [1 + M(X_i)] \times g(X_i) \tag{4-6}$$

式中，$g(X_i)$是特征提取过程中提取出的特征图，$M(X_i)$是一个注意力图，$g'(X_i)$是注意力机制的输出。公式(4-5)是特定通道上的注意力和特征映射之间的点积过程。相比之下，公式(4-6)可以在注意地图的峰值处突出显示特征地图，同时防止注意地图的较低值区域退化为零。

最后，把感知模块与增强注意模块的特征图相加，得到最终注意力特征图。

综上，DSRAM 基于 YOLO v4，采用改进深度可分离残差块 Idsrm 替换 CSP 模块，大幅减少了参数量，从而提升网络对人脸检测的速度；DSRAM 中引入注意力机制模块，对高阶特征进行深层次的信息挖掘，增强了人脸特征的表达能力，并与浅层特征进行多次融合，保证了人脸检测的准确率。考虑到全连接层的参数量巨大，若直接叠加多个全连接层会使模型的复杂度变大，使得模型训练变慢和容易出现过拟合现象，故将全连接层全部用 1 × 1 卷积替换。

为了验证 DSRAM 的人脸检测效果，接下来需要进行详细的实验，来评估所提网络模型的性能。本书首先搭建了实验环境，选取了常用的人脸检测评价指标；其次整理了 Wider Face、FDDB、MAFA 等公开人脸数据集中图像数据，包括格式转换、大小调整、数据增强等，选择这些公开数据集主要是因为已包含了大量的标注图像，且数据集中的数据能够很好地反映网络模型在复杂环境下的表现；接着对 DSRAM 进行训练与调参，并与当前性能较好的人脸检测网络，在多个数据集上进行实验对比与结果分析；最后通过消融实验，证明了融入改进深度可分离残差块 Idsrm 和注意力模块 Am，能较好地提升人脸检测的性能。

4.3 实验环境配置

4.3.1 深度学习开发框架

随着深度学习理论的完备，为了更加高效地完成深度学习网络设计，世界各大公司相继推出了多种深度学习框架，比较有代表性的包括 Caffe、TensorFlow、PyTorch 等，这些框架除了能简化开发流程，还加入了对 GPU 的加速支持，极大地推动了深度学习的发展。

Caffe 是一个早期出现的深度学习框架，由美国加利福尼亚大学伯克利分校的人工智能研究小组和视觉与学习中心开发，其内核使用 C++编写，GPU 加速部分使用 CUDA 编程实现。Caffe 的所有基础操作都是以层为单位，如卷积层、池化层、softmax 层等，具有可读性强、实现快速等特点。深度学习领域早期的经典网络，如 VGG、ResNet、DenseNet 等都基于 Caffe 开发。作为一种早期的深度学习框架，Caffe 也存在着明显的缺陷。首先，需要自行编写层，并且在层的编写过程中，要同时编写正向传播与反向传播过程；其次，自行编写的层如需使用 GPU 加速，还需自行使用 CUDA 编程实现。随着深度学习技术的不断发展和新框架的出现，Caffe 的市场份额受到了一定的影响。

TensorFlow 是由美国谷歌公司开发的一种深度学习框架，于 2015 年 11 月首次发布，平台支持多种编程语言，包括 Python、C++、Java、Lua 和 R 等。TensorFlow 采用数据流图的方式进行网络搭建，图中的节点表示具体的数学操作，线表示在节点之间流动的多维数据，这些多维数据被称为张量。TensorFlow 优点主要包括以下几点：

(1) 具有高度的灵活性，能够使用自带的多种底层算法自定义需要的操作，而不用担心计算性能上的损失；

(2) 具备良好的可移植性，极大降低了平台移植带来的额外工作量；

(3) 具有自动微分求解功能，意味着在自定义操作的过程中只需编写前向传播部分，TensorFlow 就能够自动完成反向传播的定义。

上述优点极大降低了深度学习网络的开发成本，TensorFlow 一经出现就广泛应用于学术界与工业界。本书第 5 章提出的网络就是基于 TensorFlow 框架开发的。

PyTorch 是美国 Facebook 公司人工智能研究院于 2017 年 1 月推出的一个深度学习框架，使用 Python 语言进行编写，主要应用于通过 GPU 加速的神经网络程序。不同于 TensorFlow 的静态计算图，需要先定义再运行，PyTorch 的计算图是动态的。PyTorch 作为一款高效的深度学习开发框架具有以下优点：

(1) PyTorch 的设计追求简洁和增强代码的复用性，主要由张量、自动求导变量和神经网络层三个由低到高的抽象层次构成，并且这三部分之间联系紧密，可以同时进行修改和操作；

(2) PyTorch 接口的设计灵活易用，符合人们的思考习惯，使得开发者能够专注于问题本身，而不被框架所束缚。

目前，PyTorch 在学术界的应用日益广泛，本章融合注意力机制的深度可分离残差网络就是在 PyTorch 框架上实现的。

4.3.2 软硬件环境配置

在计算机硬件方面，为了满足本章人脸检测的需求，GPU 使用了旗舰级的 NVIDIA GTX 1080Ti，其拥有 3584 个计算单元和 11 GB 的显存容量，能够基本满足目标检测网络的运行；CPU 使用了 Intel i7-4790k，其拥有 4 核心 8 线程的规格，4.0 GHz 的核心频率，硬件平台配置如表 4-1 所示。

表 4-1 硬件平台配置

硬　件	参　数
GPU	NVIDIA GTX 1080Ti
CPU	Intel i7-4790k(4.0 GHz)
内存	64 GB

软件平台的配置也至关重要。操作系统选用 Linux 公开发行版 Ubuntu 16.04。为了充分发挥 GPU 的性能，需安装 GPU 计算加速工具 CUDA 和深度神经网络的 GPU 加速库 cuDNN。在深度学习框架的选取上，本章提出的 DSRAM 是在 PyTorch 框架中，使用 Python 语言实现的，详细的软件配置如表 4-2 所示。

表 4-2 软件环境配置

软　件	参　数
操作系统	Ubuntu 16.04
Python	Python 3.5
深度学习框架	PyTorch

续表

软　件	参　数
IDE	PyCharm
CUDA	CUDA9.0
CudNN	cuDNN9.2
扩张依赖库	Matplotlib、Numpy、Pandas

由于模型训练时涉及数据的预处理、运行结果的可视化等，需安装 Python 环境的一些扩展依赖库，包括 Matplotlib、Numpy 及 Pandas 等。

4.4 网络性能评价指标

现阶段，目标检测网络性能的评价指标主要包括准确率和效率两方面。

1. 准确率方面

准确率方面常采用精确率(Precision)、召回率(Recall)、平均精度(Average Precision，AP)、ROC(Receiver Operation Characteristic Curve)曲线、交并比(IoU)等指标。

在介绍准确率评价指标之前，首先需要明确置信度阈值(Conf_thres)和交并比阈值(IoU_thres)两个概念。

在人脸检测领域，置信度是指判别预测框中包含人脸的概率，常见的概率计算函数为 softmax。实验时会设定置信度阈值 Conf_thres 的大小，当置信度大于等于 Conf_thres 时，则预测框中被认定为包含人脸，反之预测框中不包含人脸。

人脸预测框与真实框的交并比称为 IoU。实验时同样设定交并比阈值 IoU_thres 的大小，当某人脸预测框的 IoU 值大于等于 IoU_thres 时，表明该人脸框被准确识别，即正判，反之被误检，即误判。

表 4-3 为人脸检测混淆矩阵，矩阵中的 TP 指检测到人脸且正判为正样本的个数，FN 指检测到人脸且误判为负样本的个数，FP 指未检测到人脸且误判为正样本的个数，TN 指未检测到人脸且正判为负样本的个数。

表 4-3　人脸检测混淆矩阵

人脸检测混淆矩阵		置信度≥Conf_thres	置信度<Conf_thres
		Positive	Negative
IoU≥IoU_thres	Positive	TP	FN
IoU<IoU_thres	Negative	FP	TN

精确率是指所有被预测包含人脸的预测框中确实含有人脸的概率，用于衡量检测器的查准率，即预测包含人脸的预测框有多少是准确的，很好地反映了模型真实检测能力。精确率的计算公式为

$$\text{Precision}=\frac{\text{TP}}{\text{TP}+\text{FP}} \tag{4-7}$$

召回率指预测正确包含人脸的数量占包含人脸总数的比例，用于衡量检测器的查全率，即所有正确的人脸有多少被检测出来了。召回率的计算公式为

$$\text{Recall}=\frac{\text{TP}}{\text{TP}+\text{FN}} \tag{4-8}$$

研究者们都希望设计出的人脸检测网络性能达到较好水平，即精确率和召回率都高，然而会存在精确率和召回率相矛盾的情况。当 IoU 阈值较高时，FP 值较低，即误检情况下精确率高，这时可能存在许多正样本被忽略，即 FN 高导致召回率低；或者当检测到更多的正样本时，可能存在召回率高而精确率有所下降。因此，一个检测性能好的人脸检测网络，应该是随着召回率增加的同时精确率也保持较高的水平。平均精度 AP 指标同时考虑了精确率和召回率，针对不同召回率下的精确率求取平均值，即 PR(Precision Recall)曲线下方的区域面积，用于衡量每个类别的检测精度，AP 值越大，说明模型的平均准确率越高。AP 计算

公式为

$$\mathrm{AP} = \sum_{k=1}^{n} J(\mathrm{Precision}, \mathrm{Recall}) \tag{4-9}$$

ROC 曲线的横轴是假正率 FPR(False Positive Rate)，FPR = FP/(FP + TN)，表示所有负样本中错误预测为正样本的概率；纵轴是真正率 TPR(True Positive Rate)，TPR = TP/(TP + FN)，表示所有正样本中预测正确的概率。ROC 曲线越接近左上角，表示检测模型的预测准确率越高，模型效果越好。

2. 效率方面

效率方面，常用的评价指标有推理时间和帧率 FPS。

推理时间是指网络完成一次前向传播的时间，通常用毫秒来衡量。

帧率 FPS 表示网络每秒完成目标检测的图像数量，是衡量一个算法是否具备实时性的重要指标。根据科学调查研究发现，人眼在日常生活中的可视帧率为 24 FPS，即使全神贯注地盯着视频，帧率也不会超过 30 FPS。因此，只要最终目标检测网络运算的帧率能达到 30 FPS 以上，就可满足实时检测。

当然，除了准确率和效率，在评价一个网络模型时，还需考虑计算资源的消耗情况、网络模型的大小、能耗等指标，因此在评价一个网络模型时，需根据具体场景来确定哪些评价指标。本书采用的评价指标是平均准确率 AP 和帧率 FPS。

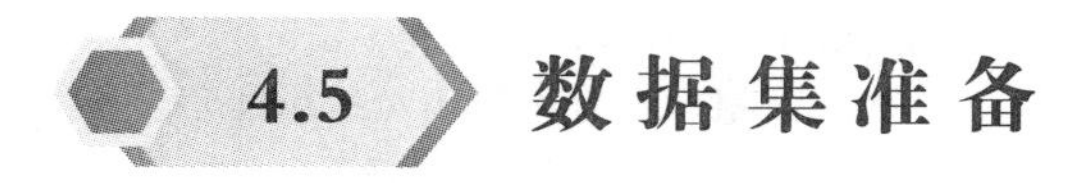

4.5 数据集准备

4.5.1 Wider Face 数据集

Wider Face 数据集中人脸图像主要来源于公开数据集 WIDER(Web Image DataSet for Event Recognition)，由香港中文大学创建。该数据集中标注的人脸有 393 703 个，分为多个子集，每一个子集都包含 3 个级别的检测难度：Easy，

Medium 和 Hard，这些被标注的人脸在大小、遮挡、光照等方面有明显区别，如图 4-9 所示。

图 4-9　Wider Face 数据集示例

Wider Face 涵盖了 61 个事件类型(如 Pose、Expression、illumination 等)，对于每个事件类别，随机选择 40%、10%、50%的比例划分到训练集、测试集和验证集。

下载好 Wider Face 数据集后，在 Python 环境下调用 Parse_wider_txt 函数，把图像解析成 XML 格式，如图 4-10 所示。

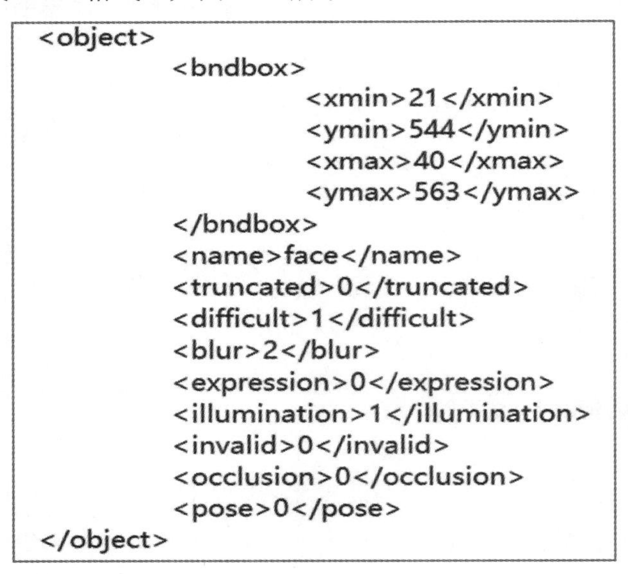

```
<object>
        <bndbox>
                <xmin>21</xmin>
                <ymin>544</ymin>
                <xmax>40</xmax>
                <ymax>563</ymax>
        </bndbox>
        <name>face</name>
        <truncated>0</truncated>
        <difficult>1</difficult>
        <blur>2</blur>
        <expression>0</expression>
        <illumination>1</illumination>
        <invalid>0</invalid>
        <occlusion>0</occlusion>
        <pose>0</pose>
</object>
```

图 4-10　解析成 XML 格式的代码

图 4-10 中，<bndbox>表示边界框坐标；blur 代表人脸的模糊程度，0 代表清晰，1 代表有点模糊，2 代表很模糊；expression 代表表情，0 代表正常的表情，1 代表夸张的表情；illumination 代表光照条件，0 代表正常光照，1 代表极端的光照；invalid 代表图像是否无效，0 代表有效图像，1 代表无效图像；occlusion 代表人脸的遮挡程度，0 代表没有遮挡，1 代表部分遮挡(1%～30%)，2 代表严重遮挡(30%以上)；pose 代表人脸的姿态，0 代表典型姿态，1 代表非典型姿态。

4.5.2　MAFA 数据集

MAFA 数据集发布于 2017 年，是一个遮挡人脸检测数据集，30 811 幅图像包含了多种遮挡场景，遮挡类型的人脸标记了 35 806 个，其中 25 876 幅图像(标记 29 452 个遮挡人脸)被划分为训练集，4935 幅图像(标记 6354 个遮挡人脸)被划分为测试集。该数据集将每个人脸分为 4 个区域，即眼睛、鼻子、嘴巴和下颌。根据遮挡区域数量将遮挡程度分为三档：weak(轻微)对应 1～2 个区域的遮挡，medium(中度)对应 3 个区域的遮挡，heavy(重度)对应 4 个区域的遮挡。人脸方向包含 5 个：Left (左边脸)、Front(正脸)、Right(右边脸)、Left-front(左前脸)及 Right-front(右前脸)。人脸遮罩的类型分为 4 个，Simple(简单遮罩)、Complex(复杂遮罩)、Body(人体自遮罩)以及 Hybird(混合遮罩)。MAFA 数据集部分样本数据如图 4-11 所示。

图 4-11　MAFA 数据集部分样本数据集

下载好 MAFA 数据集后，由于.mat 的数据标注格式使用不方便，需要在 Python 环境下把图像解析成 XML 格式，部分代码如图 4-12 所示。

```
xml_file.write('        <object>\n')
xml_file.write('            <name>' + 'face/maskface' + '</name>\n')
xml_file.write('        <bndbox>\n')
xml_file.write('            <xmin>' +str(x) + '</xmin>\n')
xml_file.write('            <ymin>' +str(y) + '</ymin>\n')
xml_file.write('            <xmax>' +str(x+w) + '</xmax>\n')
xml_file.write('            <ymax>' +str(y+h) + '</ymax>\n')
xml_file.write('        </bndbox>\n')
xml_file.write('        </object>\n')

xml_file.write('        <object>\n')
xml_file.write('            <name>' + 'occluder' + '</name>\n')
xml_file.write('        <bndbox>\n')
xml_file.write('            <xmin>' +str(x+x3) + '</xmin>\n')
xml_file.write('            <ymin>' +str(y+y3) + '</ymin>\n')
xml_file.write('            <xmax>' +str(x+x3+w3) + '</xmax>\n')
xml_file.write('            <ymax>' +str(y+y3+h3) + '</ymax>\n')
xml_file.write('        </bndbox>\n')
xml_file.write('        </object>\n')
```

图 4-12 MAFA 图像格式转换代码

4.5.3 FDDB 数据集

随着人脸检测技术的发展，网络上流行各种开源数据集，其中 FDDB(Face Detection Data Set and Benchmark)是马萨诸塞大学收集的数据集。该数据集中的每一张图像与人们现实生活的场景相像，如每一张图像都有不同的人脸遮挡，每一张图像都有不同的身体语言，每一张图像都有不同的人脸表情，每一张人脸图像都有不同的肤色等。由于 FDDB 人脸数据集内容的多样性，已逐渐成为计算机视觉领域人脸检测评测的基准。FDDB 人脸数据集包含 2845 张图像，共计 5171 个人脸，每一张人脸的像素在 19 个像素左右，且每一张图像的平均像素都不超过 500 像素，部分样本如图 4-13 所示。

图 4-13　FDDB 部分样本数据集

对人脸的标记常用矩形与椭圆两种标记法，FDDB 采用椭圆标记法，如图 4-13 中的第 1 幅图。而本书中对人脸的标记采用的是矩形标记法，故需通过图 4-14 所示的代码将椭圆标注框转换为矩形标注框。

```
def calculate_rectangle(A,B,C,F):                "椭圆上下外接点的纵坐标值"
    y=np.sqrt(4*A*F/ (B**2 - 4*A*C))
    y1,y2=-np.abs(y), np.abs(y)
    x=np.sqrt(4*C*F/ (B**2 - 4*C*A))             "椭圆左右外接点的横坐标值"
    x1,x2=-np.abs(x), np.abs(x)
    reture (x1,y1), (x2,y2)
def get_rectangle(major_radius, minor_radius, angle, center_x, center_y):
    A, B, C, F=get_ellipse_param(major_radius, minor_radius, angle)
    p1, p2=calculate_rectangle(A, B, C, F)
    return center_x+p1[0], center_y+p1[1], center_x+p2[0], center_y+p2[1]
label_path='D:/program/FDDBLabel.txt'
with open(label_path, 'r') as label:
   with open('D:/program/newFDDBLabel.txt', 'w')  as new label:
     labels=label.readlines()
     for j,i in enumerate(labels):
          print(i)
          if  'i'  in  i:
            name=i.replace('\n', ' ').replace('big/' , ' ').replace('/','_');
            nums=labels[j+1]
            image_path='D:/program/FDDB'+name+'.jpg'
            newlabel.write(image_path)
           else
            if  len(i)<5:
               newlabel.write('\n'+i)
            else:
               locals=i.split(' ')
               print(type(locals[0]), i)
               x1,y1,x2,y2=get_rectangle(int(float(locals[0])),
                                          int(float(locals[1])),
                                          int(float(locals[2])),
                                          int(float(locals[3])),
                                          int(float(locals[4])))
            temp=str(x1)+'  '+str(y1)+'  '+str(x2)+'  '+str(y2)+'\n'
            newlabel.write(temp)
```

图 4-14　椭圆标注框转换为矩形标注框

4.6 实验与结果分析

4.6.1 DSRAM 的训练过程

为了验证 DSRAM 的精确性和稳健性，选择 YOLO v4、文献[72]和文献[73]的人脸检测方法进行对比实验。实验中所有方法都在 PyCharm 上基于 Python 代码实现。在训练时，对所有的卷积层参数都使用随机初始化，模型优化方法采用随机梯度下降，批大小设置为 32，权重衰减设置为 0.0005，动量设置为 0.9，最大迭代次数设置为 12×10^4，前 9×10^4 次迭代，学习率设置为 10^{-3}，后 3×10^4 次迭代，学习率设置为 10^{-4}。

图 4.15 为 YOLO v4 和 DSRAM 在训练与验证过程中的损失值迭代曲线变化情况。在训练过程中，YOLO v4 和 DSRAM 的损失值迭代曲线变化差别不大，如图 4.15(a)(c)所示。但在验证过程中，YOLO v4 的验证损失值迭代曲线在迭代到 90 轮次左右时，波动较大，如图 4.15(b)所示；而 DSRAM 的验证损失值迭代曲线在迭代到 80 轮次时，损失值迭代曲线几乎不再下降，如图 4.15(d)所示。以上说明 DSRAM 稳定性更好。

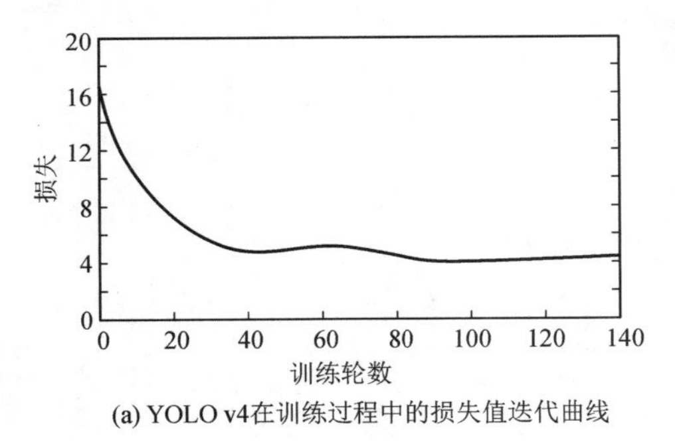

(a) YOLO v4在训练过程中的损失值迭代曲线

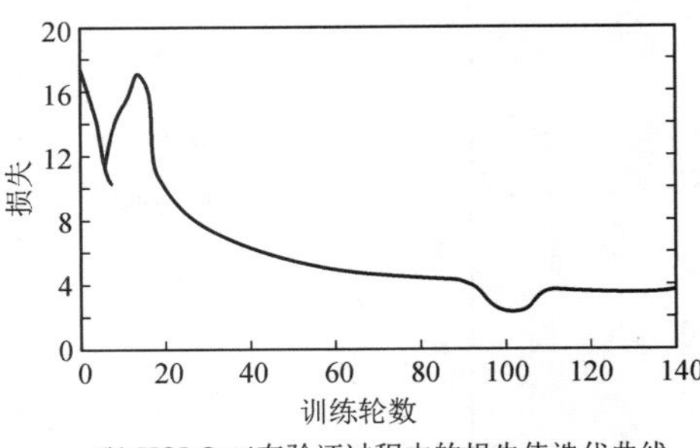

(b) YOLO v4在验证过程中的损失值迭代曲线

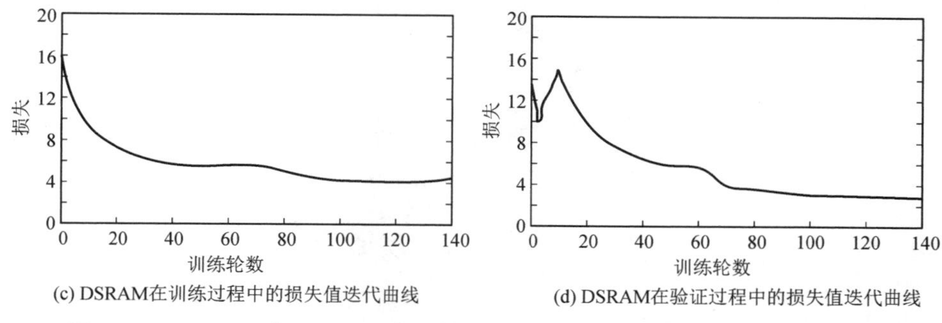

(c) DSRAM在训练过程中的损失值迭代曲线　(d) DSRAM在验证过程中的损失值迭代曲线

图 4-15　YOLO v4 与 DSRAM 在训练与验证过程中的损失值迭代曲线变化情况

4.6.2　Wider Face 数据集下的实验结果分析

在 Wider Face 数据集中，按照 4:1:5 的比例划分训练集、测试集和验证集，与文献[72]和文献[73]进行对比，实验结果如表 4-4 所示。

表 4-4　Wider Face 数据集下的实验结果对比

Method(方法)	AP/(%)		
	Easy	Medium	Hard
文献[72]	0.923	0.912	0.886
文献[73]	0.926	0.906	0.872
DSRAM	0.953	0.928	0.910

从表 4-4 中可看出，DSRAM 网络在 Wider Face 三个难度子集上分别取得 0.953、0.928 和 0.910 的平均精度值，均高于对比文献。文献[72]、文献[73]网络的特征提取能力弱，能利用的人脸特征有限，导致在 Easy 子集取得的检测精度为 0.923 和 0.926。DSRAM 基于 YOLO v4，首先引入改进深度可分离残差块 Idsrm，采用深度可分离卷积运算方式，减少了网络整体的运算量，提升了计算效率；其次融入注意力机制，增强高层特征中与人脸相关性高的重点信息，抑制无关信息，通过不同层级特征的融合，得到包含更多人脸信息的特征向量，使之能够较完整地在网络间传递，提高了识别的准确率。实验结果表明，DSRAM 对人脸的检测精度较高，可视化效果如图 4-16 所示。

(a) Easy

(b) Medium

(c) Hard

图 4-16 不同难度子集检测结果

在图 4-16 的 Hard 子图中，白色虚线框中的人脸小、姿态变化大、被遮挡的部分较多，文献[72]和文献[73]的检测方法存在漏检误检情况，而 DSRAM 能较好地应对这种自然场景中密集、多尺度、遮挡等难度较大的样本，改进效果明显。

4.6.3　MAFA 数据集下的实验结果分析

采用 MAFA 数据集，将 DSRAM 与文献[72]、文献[73]的人脸检测效果进行对比，实验结果如表 4-5 所示。

表 4-5　MAFA 数据集下的实验结果对比

Model(项目)	AP(%)		
	文献[72]	文献[73]	DSRAM
Left	0.886	0.912	0.923
Left-front	0.872	0906	0.926
Front	0.910	0.928	0.953
Right-front	0.802	0.821	0.834
Right	0.785	0.876	0.883
Simple	0.615	0.714	0.897
Complex	0.602	0.703	0.881
Body	0.596	0.698	0.864
Hybird	0.587	0.676	0.856

由表 4-5 可清楚地看出，DSRAM 在 MAFA 遮挡人脸数据集上各项的平均精度值均高于所对比文献。在表 4-5 中，前 5 项的属性对应人脸的 5 个方向，分别是左边脸、左前脸、正脸、右前脸和右边脸。随着人脸偏转角度增加，采用文献[72]和文献[73]的检测方法，5 种人脸方向的平均精度均明显下降，但 DSRAM 却下降不明显，取得了最高的检测精度。在表 4-5 中，第 6～9 项属性对应人脸遮罩的 4 种类型，分别是简单遮罩、复杂遮罩、人体自遮罩和混合遮罩，DSRAM 方法在这 4 种遮罩类型下均取得最优的人脸检测结果。综合所有属性下的遮挡人脸检测结果，DSRAM 的平均精度达到了 0.891，表明该网络的检测精度高于目前主流的遮挡人脸检测方法，其可视化结果如图 4-17 所示。

图 4-17 基于 MAFA 数据集的人脸检测效果

4.6.4 消融实验

为证明 DSRAM 的精确性和有效性，对 MAFA 数据集下的遮挡人脸数据集进行消融实验。将 YOLO v4 作为基准线方法，YOLO v4+Idsrm 表示在 YOLO v4 的基础上增加了改进深度可分离残差块，YOLO v4+Idsrm+Am 表示在 YOLO v4 的基础上增加了改进深度可分离残差块和注意力机制。采用 MAFA 测试集的消融实验结果如表 4-6 所示。

表 4-6 消融实验结果

Method(方法)	AP(%)	FPS(张)
YOLO v4	0.814	47
YOLO v4+Idsrm	0.853	59
YOLO v4+Idsrm+Am	0.902	55

由表 4-6 可以看出，通过引入改进深度可分离残差块 Idsrm，运行速度

明显加快，检测精度提升了 4.8%；再融入注意力模块 Am，使得人脸可见区域特征学习更加全面，多尺寸遮挡人脸的检测精度显著提高，提升了检测精度。

4.7 本章小结

本章基于 YOLO v4，引入改进深度可分离残差块 Idsrm，降低 DSRAM 总体的运算量，提升人脸的检测速度；使用改进注意力模块 Am，增强对重要特征的关注，并与浅层特征多次融合，有效地提取和融合了多尺度人脸特征信息。

为了评价所提 DSRAM 的检测性能，首先搭建软硬件实验环境；其次确定人脸检测的评价指标，从平均精度 AP 和速度 FPS 两方面进行评价；再次准备人脸图像数据集，并对 Wider Face、MAFA 和 FDDB 等相关数据集进行预处理；最后在拥有了实验环境和数据集后，确定实验时的各项参数设置，将 DSRAM 与对比网络进行训练和验证。实验结果表明，所提 DSRAM 对人脸的检测精度高，尤其是人脸被遮挡的情况下，速度也较快，是一种兼具实时性和准确性的人脸检测技术。

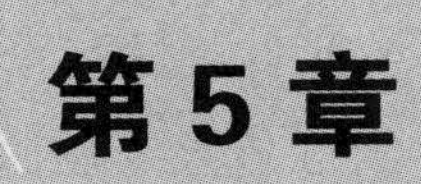

第 5 章 基于汇聚级联的旋转人脸检测技术

多数人脸检测网络对于直立正面人脸检测的效果都不错，然而现实生活中人脸图像变化各异，尤其旋转角度变化大，多尺度旋转人脸检测问题依然未能得到较好解决。针对这一问题许多学者提出了解决办法，其中多数方法[74]-[75]都采用了级联策略，即把多个分类器采用级联结构进行组织，再将各分支融合使用。许多研究成果已经验证了这一策略的可行性，然而究竟采取怎样的组合方式才能获得更好的检测结果，仍然是一个值得深入研究的问题。

5.1 一种汇聚级联卷积神经网络的旋转人脸检测模型

多尺度旋转人脸检测[76]是指在输入图像中检测出具有尺度变化和任意角度平面旋转的人脸。实时角度无关人脸检测模型采用三级级联的方式，逐步估计人脸旋转角度，虽然检测速度很快，但是检测精度不高，需要在速度和精度上进行权衡调整。本书借鉴 SSD 的多尺度检测机制，采用级联策略，提出了一种基于汇聚级联卷积神经网络的旋转人脸检测模型 RFD-CCNN，能够在保持实时性前提下显著提高旋转人脸检测的准确性。

5.1.1　RFD-CCNN 整体结构

单射多尺度检测器 SSD 直接在多尺度卷积层，进行人脸/非人脸鉴别和人脸框位置调整，可快速高效地完成多尺度人脸检测。本书所提基于汇聚级联的旋转人脸检测模型 RFD-CCNN，其骨干网络选择了 SSD。SSD 共使用 6 个不同等级的特征图做预测，浅层高分辨率特征图负责小目标检测，深层低分辨率特征图负责大目标检测。为了保证小尺度人脸检测的准确性，保留了原 SSD 中的浅层高分辨率特征分支，即 Conv4_3、Conv7、Conv8 和 Conv9，同时调整了特征图尺寸，去掉了原 SSD 中深层低分辨率的特征分支 Conv10 和 Conv11，具体的网络结构如图 5-1 的所示。

对 Conv4_3、Conv7、Conv8 和 Conv9 分别生成的多个尺度候选区域特征图进行汇聚，然后送入附加网络。附加网络由两个浅层的人脸分类网络 24-classification-net 和 12-classification-net，以及两个浅层的人脸回归网络 46-regression-net 和 22-regression-net 组成，人脸分类网络与人脸回归网络之间是级联关系，如左分支的 24-classification-net 与 46-regression-net、右分支的 12-classification-net 和 22-regression-net，左右分支是平行关系。骨干网与附加网络之间采用级联的设置方法，可以进一步加快对旋转人脸的检测速度。对于浅层人脸分类网络 24-classification-net，它的输入是 24 × 24 × 512 大小的候选人脸特征图，在网络中直接完成人脸/非人脸的分类、人脸边界框的回归和人脸 RIP 角度的粗略估计。通过 24-classification-net 处理，消除了大部分置信度较低的候选人脸窗口，大大减少了后续人脸回归网络的检测工作量。为了进一步加快速度，24-classification-net 仅粗略估计候选人脸的 RIP 主方向，输出[−45°，45°]、(45°，135°]、(135°，225°]、(225°，315°]四个主方向区间，并将输出的人脸边界框旋转到[−45°，45°]区间内，该过程通过直接对人脸边界框旋转 90°、180°或者 270°完成。在 24-classification-net 处理之后，利用更

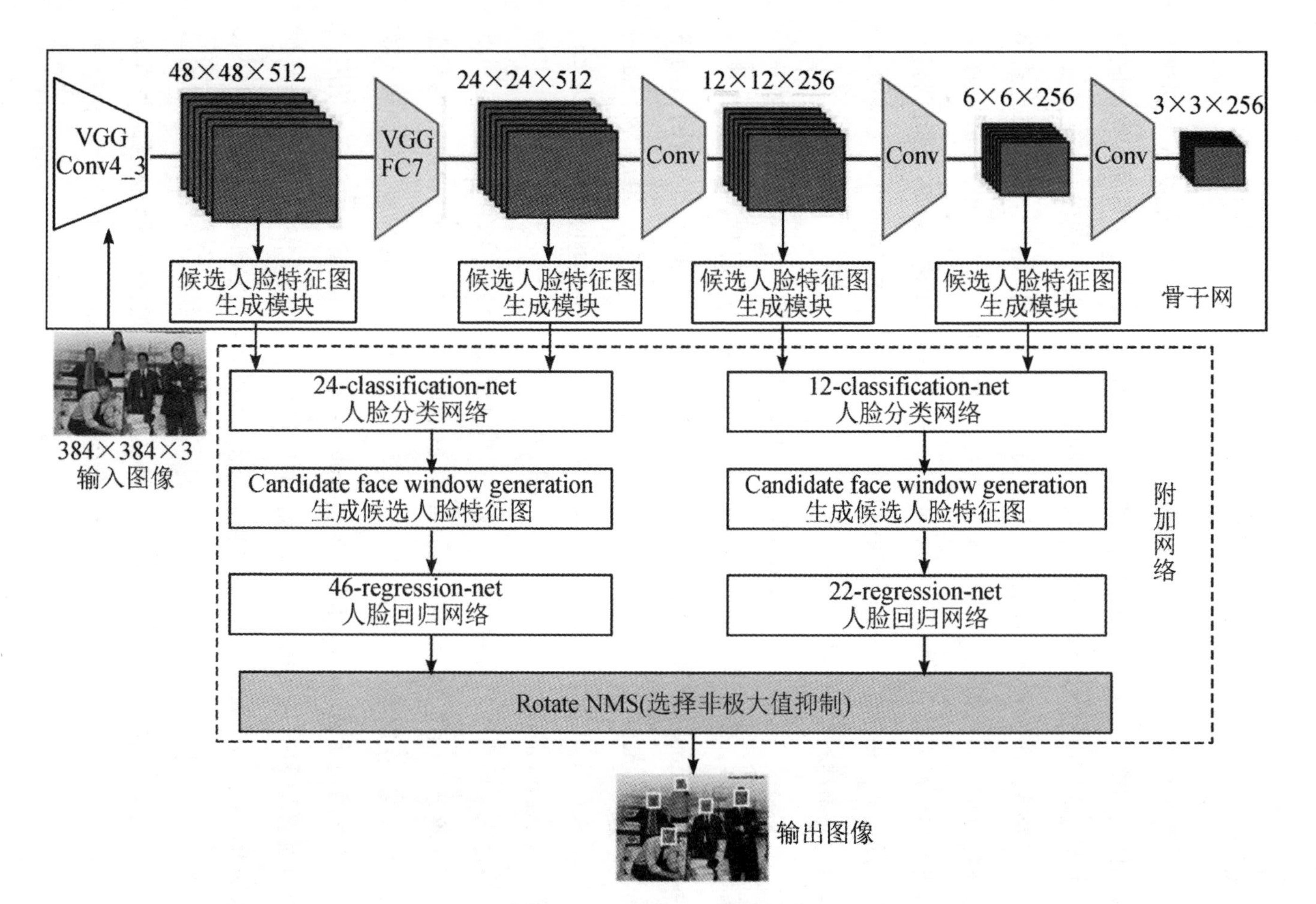

图 5-1 RFD-CCNN 的网络结构

新的人脸边界框在原始图像上采样 3 通道的候选人脸窗口作为 46-regressionnet 的输入，并将候选人脸窗口缩放为 46 × 46 × 3 大小。在 46-regression-net 中，进一步完成人脸/非人脸的分类、人脸边界框的位置更新和人脸 RIP 角度的精确回归。精确回归是指在[−45°，45°]区间内准确估计出人脸的 RIP 角度。在 24-classification-net 和 46-regression-net 之后，本书采用旋转 NMS 合并高重叠率的人脸边界框。

在右分支平行线路，将 SSD 的两个更深层特征图与 12-classification-net 和 22-regression-net 级联。与 24-classification-net 和 46-regression-net 的组合类似，12-classification-net 和 22-regression-net 仅在输入尺寸和网络深度上略有调整。

基于汇聚级联卷积神经网络的旋转人脸检测模型 RFD-CCNN，汲取了 SSD 中多尺度特征融合和级联的设计思想，同时针对多种复杂环境下的多尺度旋转人脸检测问题，进行了以下改进：

(1) 采用由粗到精的级联策略，在骨干网 SSD 的多个特征层上，级联多个浅层的卷积神经网络，逐步完成人脸/非人脸的分类、人脸 RIP 角度的估计和人脸边界框位置的调整；

(2) 在骨干网的卷积特征层，通过汇聚级联多个浅层人脸分类网络和人脸回归网络，加快对旋转人脸的检测实时性；

(3) 对浅层的卷积神经网络采用不同的分辨率设计，可以实现比单分辨率卷积神经网络更强的检测能力。

5.1.2　骨干网生成候选人脸特征图

在 SSD 中为每个分支的特征图上预设不同尺度的锚框，整个网络共产生 7300 多个锚框。而在 RFD-CCNN 中，为每个像素生成 4 个固定尺度的锚框，如图 5-2 所示。对于一个 $m \times n \times k$ 尺寸的特征图，可以产生 $m \times n \times 4$ 个锚框。

图 5-2 中，输入特征图尺寸为 12 × 12 × 256，每个像素对应 4 个固定大小的锚框，所有像素可以产生 12 × 12 × 4 = 576 个锚框。将这些锚框内包围的特

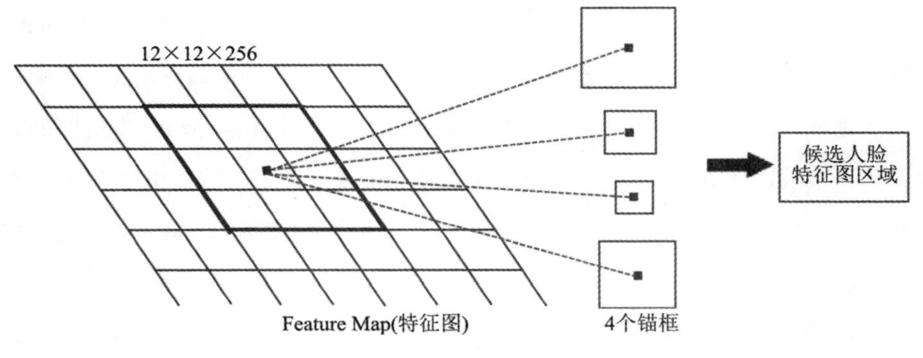

图 5-2 候选人脸特征图生成示例图

征图区域缩放为 12 × 12 × 256 尺寸后，就产生了候选人脸特征图集合。该集合中共包含 576 个候选人脸特征图，以此类推，图 5-1 网络中将会产生 $48 \times 48 \times 4 + 24 \times 24 \times 4 + 12 \times 12 \times 4 + 6 \times 6 \times 4 = 12\ 240$ 个候选区域特征图。如果每个候选区域特征图单独进行分类与边界框回归，则计算量巨大，检测速度会大幅降低。因此在所提 RFD-CCNN 中，产生的候选特征图区域并不直接进行分类与回归，而是调整尺寸后两两汇聚，通过附加网络中的浅层分类网过滤掉绝大部分的负样本，再用回归网络检测难度较大的旋转人脸目标，大大提升了人脸检测的速度。

5.1.3 附加网络的人脸分类网络

平面内旋转人脸检测实质上是一个多分类问题，RFD-CCNN 中设置 24-classification-net 和 12-classification-net 两个分类网络，它们之间是平行关系，分别处理不同分辨率下的候选特征图，提升分类效果。这两个网络的结构如图 5-3 和图 5-4 所示。

图 5-3 和图 5-4 是一个较小的卷积神经网络，Conv、MP、FC、和 ReLU 分别表示卷积层、最大池化层、全连接层和 ReLU 激活层，并且在卷积层要进行补边操作。通过一系列卷积池化后，对于输入的每一幅候选人脸特征图，人脸分类网络 24-classification-net 和 12-classification-net 只完成三个目标，即输出

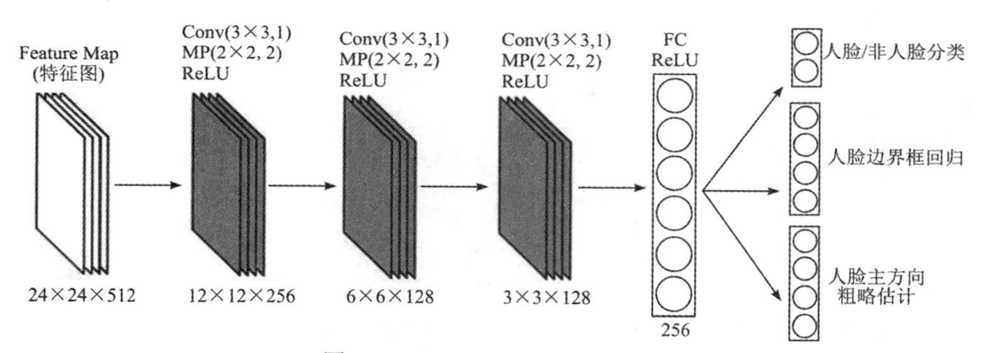

图 5-3　24-classification-net 结构

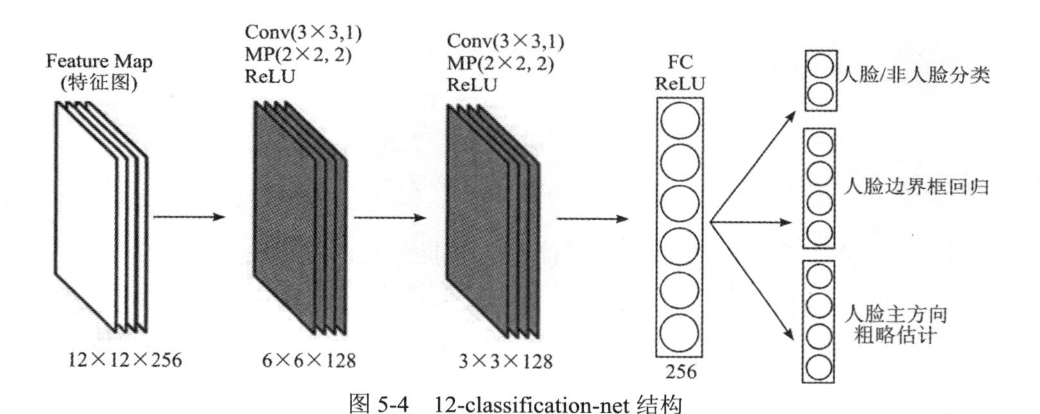

图 5-4　12-classification-net 结构

值为：人脸/非人脸的分类、人脸边界框位置的更新和人脸 RIP 角度的粗略估计，可用公式(5-1)表示：

$$[c, t, d] = F(w) \tag{5-1}$$

式中，F 表示人脸分类网络，c 表示人脸置信度得分，t 表示人脸边界框的回归，d 表示人脸主方向粗略估计得分。

RFD-CCNN 将任意平面内人脸旋转角度 RIP 按平面空间角度分为 4 类，每个类别包含一个 90° 区间范围的 RIP 人脸，如图 5-5 中的 4 个类别。图中数字代表人脸类别标签，样本类别和平面旋转角度对应关系如公式(5-2)，其中 y 表示样本标签，θ 为输入样本初始平面旋转角度。

图 5-5　平面内人脸旋转角度划分

$$y=\begin{cases}1, & \theta\in[-45°, 45°]\\2, & \theta\in(45°, 135°]\\3, & \theta\in(135°, 225°]\\4, & \theta\in(225°, 315°]\end{cases} \tag{5-2}$$

式中，y 的值从 1 到 4 分别表示正向脸、右向脸、反向脸和左向脸。

本书定义 RIP 角度在[−45°，45°]内时，为正向脸；在(45°，135°]内时，为右向脸；在 (135°，225°] 内时，为反向脸；在 (225°，315°] 内时，为左向脸。

5.1.4　附加网络的人脸回归网络

经过人脸分类网络 24-classification-net 和 12-classification-net 处理后，利用旋转更新的人脸边界框在原始图像上采样 3 通道的候选人脸窗口，此时所有候选人脸窗都处于[−45°，45°]区间内。对候选人脸窗口缩放后(缩放尺寸为 46 × 46 × 3 或 22 × 22 × 3)，送入平行设置的人脸回归网络 46-regression-net 和 22-regression-net，其网络结构如图 5-6 和图 5-7 所示，需要注意的是人脸回归网络的卷积层不执行边缘填充操作。

由于人脸分类网络已经将人脸 RIP 角度范围缩小到[−45°，45°]区间内，因此人脸回归网络 46-regression-net 和 22-regression-net 设置为竖直人脸检测网

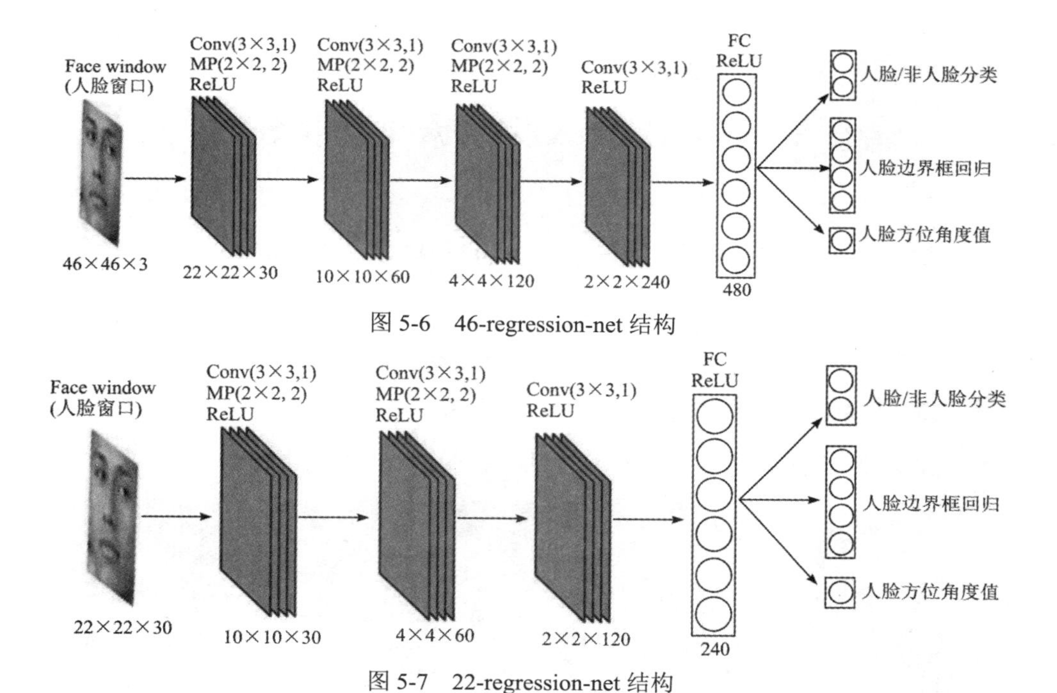

图 5-6　46-regression-net 结构

图 5-7　22-regression-net 结构

络，网络结构虽然相对复杂，但分类回归能力更强，在完成人脸分类和边界框回归后，计算候选人脸框的精确 RIP 角度 θ_2，θ_2 的计算方法可采用文献[42]的级联回归模式。结合人脸分类网络估计的 RIP 角度 θ_1 和人脸回归网络计算的 RIP 角度 θ_2，得到候选人脸窗口总的 RIP 角度 θ_{all}，即

$$\theta_{all} = \theta_1 + \theta_2 \tag{5-3}$$

网络最后将人脸回归网络输出的人脸边界框，按照得分进行降序排列，执行 NMS 算法，去掉大于设定阈值的人脸边界框，保留小于设定阈值的人脸边界框，得到最终的多尺度旋转人脸检测结果。

为了验证 RFD-CCNN 对旋转人脸的检测效果，在 TensorFlow 框架中进行实验。首先选取 Wider Face 和 FDDB 数据集中的旋转人脸图像数据，并进行数据扩充，构建起旋转人脸 FDDB 和 Sub-Wider Face 数据集；接着训练 RFD-CCNN 网络模型；最后在两个旋转人脸数据集上进行实验与结果分析。

5.2 旋转人脸数据集的构建

Wider Face 人脸数据集中每一张人脸的表情、角度、背景、尺度等都不相同，是计算机视觉领域非常复杂的人脸检测数据集。本节从该数据集中选出平面旋转的人脸图像 391 张，包含了 1027 个旋转人脸，并按 40%、10%、50%的比例随机切分出训练集、验证集和测试集，图 5-8 为 Wider Face 选出的旋转人脸示例图像，该数据集采用矩形标注法，如图 5-8 中的第 1 幅图。

图 5-8　Wider Face 部分样本数据集

深度学习算法以数据迭代计算为基础，数据的质量、数量以及复杂性直接影响到网络的学习效果。大规模数据集的应用是网络成功实现的前提，而本书第 4 章中创立的数据集，单从图像数量上来说并不利于网络模型的训练。数据增广技术就是针对这一问题，通过对数据图像进行一系列随机变化，产出一些与原始数据集目标特征相似、背景信息相似、色域信息相似，可以被网络认定为同类型目标样本但又不完全相同的训练样本，以达到扩充数据集样本数量的目的。经过数据增广填充后的数据集样本，还能起到减少网络模型对目标样本中某些特征或属性过度依赖的作用。本节创建的平面旋转人脸数据集 FDDB 和 Sub-Wider Face，其图像来源于 FDDB 和 Wider Face 数据集，通过旋转、平移、镜像、添加噪声等预处理方式来扩充数据集。

1. 旋转

选择图像中任一点为旋转中心点，按照一定的方向对各目标点进行旋转。设 $p(i, j)$为原图像上某处的坐标，$p(i', j')$为旋转完成后该点的坐标，逆时针旋转 θ 后 $p(i', j')$的计算公式为

$$\begin{cases} i' = i\cos\theta - j\sin\theta \\ j' = i\sin\theta + j\cos\theta \end{cases} \tag{5-4}$$

2. 平移

平移图像就是把需要移动的图像依据要求在平面内进行操作。设 $p(i, j)$为原图像上某处的坐标，平移操作完成后 $p(i', j')$的计算公式为

$$\begin{cases} i' = i + \Delta i \\ j' = j + \Delta j \end{cases} \tag{5-5}$$

3. 镜像

水平镜像：将左右两边的像素以图像的垂直中心轴为对称中心，将左右相互对称的两部分像素进行位置互换。垂直镜像：将上下两边的像素以图像的水平中轴线作为对称中心，将上下相互对称的两部分像素进行位置互换。设图像的大小为 $M \times N$，$p(i, j)$为原图像上某处的坐标，镜像操作完成后水平镜像 $p(i', j')$的坐标计算公式为

$$\begin{cases} i' = i \\ j' = N - j + 1 \end{cases} \tag{5-6}$$

垂直镜像 $p(i', j')$的坐标计算公式为

$$\begin{cases} i' = M - i + 1 \\ j' = j \end{cases} \tag{5-7}$$

4. 添加噪声

生成符合高斯分布的随机数，将随机数与图像中的原始像素值相加，最后将这些值压缩到[0，255]区间。

各种增强方式可提升数据集的泛化性，进行旋转、平移、镜像、添加噪声等变化的同时，还需对原标注人脸框的坐标进行对应调整。最后分成4个类别训练数据，第1个类别为[−45°，45°]间的人脸图像及一些非人脸图像，第2个类别为(45°，135°]间的旋转人脸数据，第3个类别为(135°，225°]间的旋转人脸图像，第4个类别为(225°，315°]间的旋转人脸图像。为使训练集覆盖各个RIP角度的人脸，每个类别图像在图像增广后达到2万张左右，部分样本如图5-9所示。

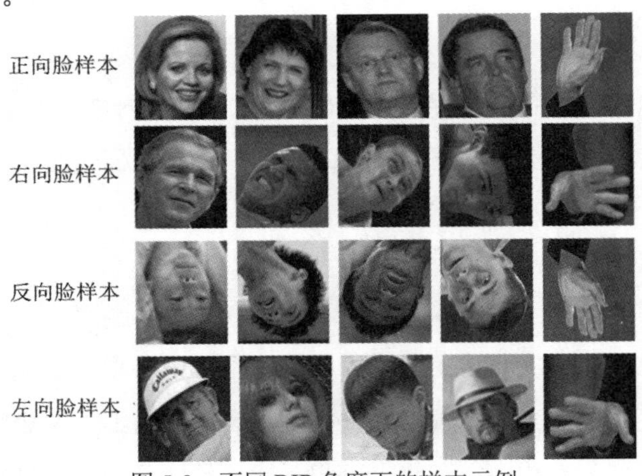

图5-9 不同RIP角度下的样本示例

旋转、平移、镜像、添加噪声等方法都是最为基础的数据增广方式，而当样本中含有多类别时，这些简单的处理方式，可能会在训练样本中加入过多的无效样本，反而使网络鲁棒性下降。受YOLO v4数据处理方法的启发，使用Mosaic方法扩充数据集，即把来自原始数据集中的4张图像进行拼接，就会得到一张新的样本数据，如图5-10所示，同时还能获得这4张图像中的人脸目标框的位置信息，这样在训练过程中相当于一次对4张图片进行了训练，可以显著减少训练过程中训练批次的大小。

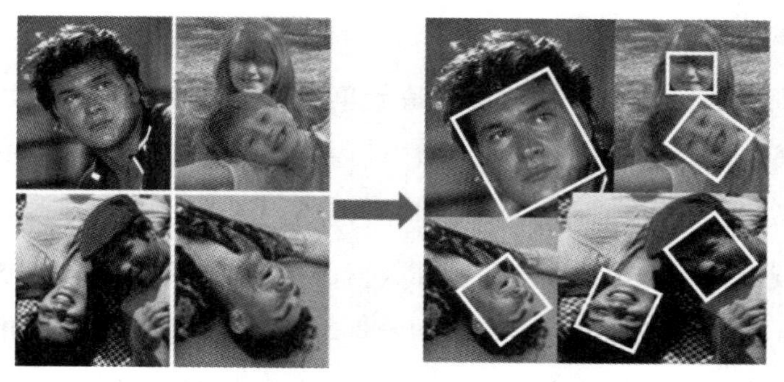

图 5-10　使用 Mosaic 方法增广样本

Mosaic 方法在丰富数据集样本数量的同时，也极大地提高了样本的多样性，降低了目标检测网络学习待测图像多样性的难度，是新颖又有效的数据增广方式。

5.3 RFD-CCNN 训练过程

5.3.1 超参数设置

在深度学习网络训练的过程中，结果指标不仅取决于网络结构的优异程度，很大一部分也取决于超参数的设置，其中学习率作为重要的超参数，起到了关键作用，它直接决定了网络的训练速度和最终性能。学习率[77]是指神经网络每次迭代过程中更新权重的步长大小，一般来说，学习率作为超参数，在网络中并不是固定不变的。在网络训练的初始阶段，学习率的设置应为较大值，而后不断减小以达到损失函数的收敛。预训练时，通常会选择一个相对较大的学习率，用这个较大的学习率先对数据集进行几轮的训练，待正式训练时，再更改为初始学习率，这种方法叫作学习率预热。学习率预热可以提供一个预训练模型，以防止训练时使用随机权重带来的模型振荡。本次实验选择 0.1 的学习率预热，预热学习的批次选择为 3 个回合(1 个回合即完成了一次前向计算+反向传播的过程)。

网络训练的优化程度与速度取决于单次训练样本数的取值，即批大小Batchsize[78]，同时也决定了当前GPU的内存使用情况。未使用Batchsize进行模型训练时，整个样本数据集同时投入训练，得到一个基于完整数据集的误差进行反向传播，由于读取了全部数据，计算得到的梯度方向更为准确，但幅度较大，无法全局使用定义的初始学习率；其次在样本过多的情况下，很容易使内存爆炸，训练中断。因此对于神经网络的训练，单次训练样本数的取值决定了网络优化程度，使用Batchsize对单次训练样本数进行限制成为了必须要做的事。当Batchsize的值选取过小时，更益于网络对特征的提取，但随着训练次数的增加，模型会陷入寻找局部最小值，而忽略梯度方向信息，使模型最终只得到局部最优解；其次使用较小的Batchsize，当损失函数收敛时，极易过拟合，得到的网络模型精度不佳。而当Batchsize取值过大时，会占用过多的GPU内存，使训练过程在内存填满后自动终止。因此寻找一个合适的Batchsize是模型训练的重点。本书使用两个GTX 1080Ti的GPU，设置不同Batchsize大小进行实验，图5-11显示了随着迭代次数的增加RFD-CCNN逐渐收敛的过程。

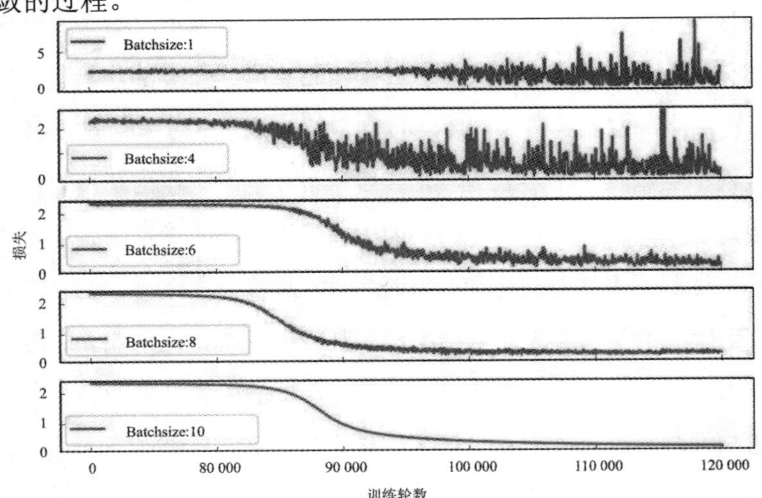

图5-11　不同批次下RFD-CCNN的损失值迭代曲线

从图 5-11 中可看出，当 Batchsize 值为 1 时网络不收敛；随着 Batchsize 值的增大，损失值开始缓慢下降，网络逐渐收敛，直到 Batchsize 值为 10 时出现内存溢出现象。当 Batchsize 值为 8 时，经过 100 000 次迭代后，损失值稳定在 0.4 左右，且长时间维持稳定，无波动趋势，此时停止最合适，优化效果理想，GPU 的使用情况也趋于稳定。

综上所述，网络训练时采用随机梯度下降算法进行优化，最大迭代次数设置为 10^5；前 7.5×10^4 次迭代，学习率设置为 10^{-3}，后 2.5×10^4 次迭代，学习率设置为 10^{-4}；权重衰减系数设置为 0.0005；动量参数设置为 0.9；所有层均由零高斯分布初始化，标准差设置为 0.01；每批次包含正样本、负样本和中间样本的比例约为 3:3:4。超参数具体设置如表 5-1 所示。

表 5-1　超参数设置

参数(Parameter)	数值(Numerical value)
最小学习率(Minimum learning rate)	0.0001
最大学习率(Maximum learning rate)	0.001
动量值(Power)	0.9
批次大小(Batchsize)	8
权重衰减(Weight decay)	0.0005
最大迭代次数(Max iteration)	100 000
归一化衰减值(Batch normal decay)	0.9995
动量(Momentum)	0.9

5.3.2 损失函数设置

RFD-CCNN 是一个多任务的旋转人脸检测模型，多任务学习可提高检测的准确率。RFD-CCNN 将人脸分类、边界框回归和 RIP 角度估计合成到一个端到端网络中，这样一次输入可以得到多个输出。RFD-CCNN 中的附加网络采用级联方式，其中的分类网络和回归网络是单独训练的。

在人脸分类网络的训练阶段，需要定义三种类型的人脸窗口：正样本，负样本和中间样本。正样本是指与人脸标注框的 IoU≥0.7，负样本是指与人脸标注框的 IoU≤0.3，其余的为中间样本，依据人脸分类网络的得分来计算。对于人脸/非人脸的分类，设置损失函数为

$$L_{\text{Face}} = y\log c + (1-y)\log(1-c) \tag{5-8}$$

式中，当输入的候选人脸特征图 w 是人脸时，$y=1$，否则 $y=0$。

对于人脸边界框回归的位置更新，设置损失函数为

$$L_{\text{BBox}}(t,\ t^*) = S(t-t^*) \tag{5-9}$$

式中，t 和 t^* 分别表示预测人脸边界框和真实人脸标注框，S 表示 Smooth L1 函数。t 和 t^* 两个边界框的左上角坐标、长宽(长和宽相等)可以根据下式计算。

$$\begin{cases} t_w = \dfrac{w^*}{w} \\ t_a = \dfrac{a^* + 0.5w^* - a - 0.5w}{w^*} \\ t_b = \dfrac{b^* + 0.5w^* - b - 0.5w}{w^*} \end{cases} \tag{5-10}$$

式中，a、b、w 分别代表了边界框左上角坐标$(x,\ y)$和宽度。

人脸旋转主方向以离散四分类的方式快速估计人脸方向，其损失函数为

$$L_{\text{Pose}} = -\sum_{i=1}^{4} y_i \ln d_i \tag{5-11}$$

式中，y 表示平面空间中人脸的 RIP 角度，d_i 表示人脸主方向的粗略估计得分。

当 y_i 对应正确的人脸主方向时，取值为 1，否则取值为 0。

将以上三个目标函数组合，得到人脸分类网络的总损失函数为

$$\min_F L = L_{\text{Face}} + k_1 L_{\text{BBox}} + k_2 L_{\text{Pose}} \tag{5-12}$$

式中，k_1 和 k_2 为平衡 L_{BBox} 和 L_{Pose} 的权重。

通过优化公式(5-12)，过滤掉大部分低置信度候选人脸窗口。对于保留的候选人脸窗口，先进行人脸边界框的位置更新，然后根据粗略估计的人脸主方向，对其进行旋转。人脸分类网络粗略估计的人脸 RIP 角度θ_1的计算公式为

$$\theta_1 = \begin{cases} 0°, & \text{id} = 1 \\ -90°, & \text{id} = 2 \\ -180°, & \text{id} = 3 \\ -270°, & \text{id} = 4 \end{cases} \quad (\text{id} = \operatorname*{argmax}_i d_i) \tag{5-13}$$

式中，d_i 表示人脸主方向粗略估计得分。根据分类得到的 id 不同，候选人脸窗口相应旋转 0°、−90°、−180°和−270°。经过人脸分类网络之后，人脸 RIP 角度的可能存在范围从 360° 减小到−45°～45°之间。

在人脸回归网络的训练阶段，需要在[−45°，45°]的范围内均匀旋转 3 通道的候选人脸窗集合以生成训练样本，人脸回归损失函数如公式(5-9)，人脸边界框的回归测试效果如图 5-12 所示。测试人脸图像时，当网络输出不加回归偏移量校正时，预测为虚线框，增加回归偏移量校正后为实线候选框，直观表明人脸边界框的回归任务可以提高人脸检测精度。

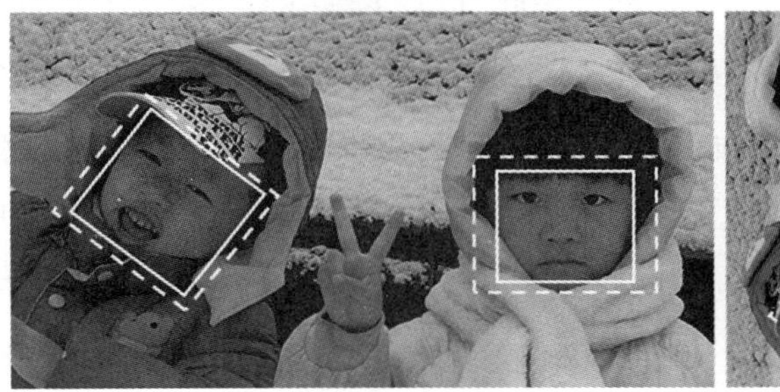
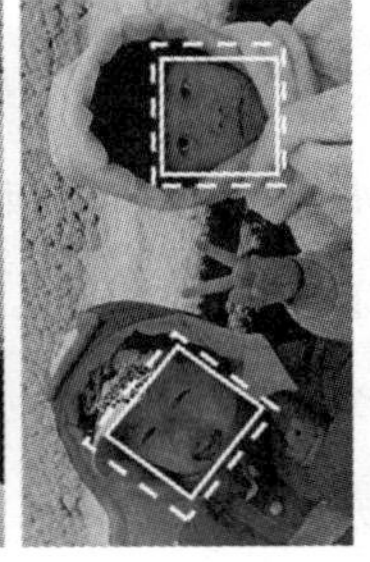

图 5-12　边界框回归对人脸检测框的修正效果

5.4 实验与结果分析

5.4.1 旋转人脸 FDDB 数据集下的实验结果分析

为体现 RFD-CCNN 的有效性和优越性，通过设置 PCN、Faster R-CNN、SSD 和 Cascade CNN 等多个网络，在旋转人脸 FDDB 数据集下进行实验对比，依据实验结果形成了多条 ROC 曲线，如图 5-13 所示。

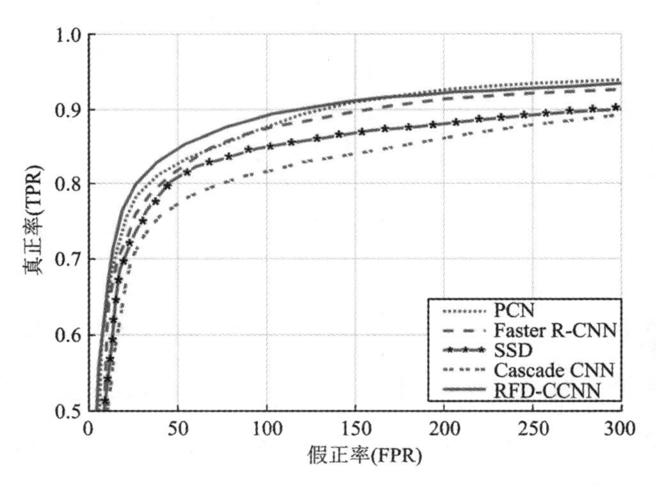

图 5-13 旋转人脸 FDDB 数据集下的不同网络 ROC 曲线

通过分析各网络的 ROC 曲线走向可知，RFD-CCNN 的检测性能优于 SSD 和 Cascade CNN。在假正率 FPR 较低时，RFD-CCNN 的检测性能比 PCN 和 Faster R-CNN 更强；在假正率 FPR 较高时，RFD-CCNN 的检测性能与 PCN 和 Faster R-CNN 基本持平。这说明在骨干网的卷积特征层，通过汇聚级联多个浅层人脸分类网络和人脸回归网络，逐步完成人脸得分计算、人脸 RIP 角度估计和人脸边界框位置更新，可提升精确检测旋转人脸的能力。PCN、Faster R-CNN 和 RFD-CCNN 在旋转人脸 FDDB 数据集下的直观展示如图 5-14 所示。

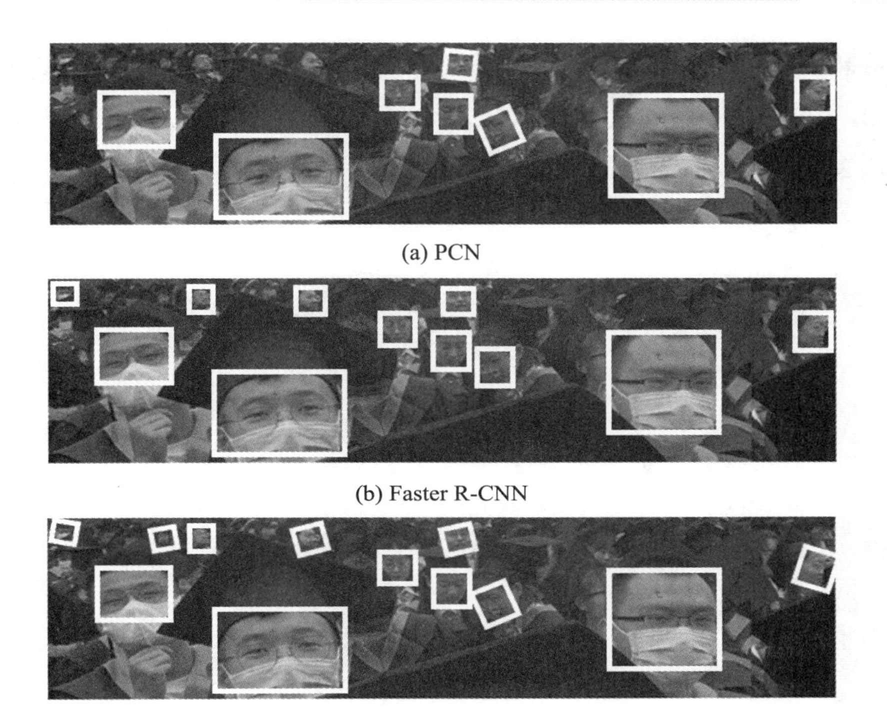

(a) PCN

(b) Faster R-CNN

(c) RFD-CCNN

图 5-14　旋转人脸 FDDB 数据集下不同人脸检测网络的可视化效果图

从图 5-14 的可视化结果可看出，PCN 在小尺度人脸检测时存在漏检现象，Faster R-CNN 检测精度较好，但网络结构复杂、参数量巨大，实时检测效果不好；通过改进锚框生成机制后的 RFD-CCNN，有效减少了相同目标对象上检测框的重叠数量，对于一幅图像中的多个感兴趣目标，检测框的位置更加准确且目标类别的判断准确率得到了提升。此外，对于图像中的大量小尺度人脸目标，通过特征融合策略也在一定程度上改善了对于小目标人脸的检测效果，避免漏检现象的发生。

5.4.2　旋转人脸 Sub-Wider Face 数据集下的实验结果分析

使用 RFD-CCNN 和 PCN、Faster R-CNN、SSD 和 Cascade CNN 等多个对比网络，在旋转人脸 Sub-Wider Face 数据集下进行人脸检测实验对比，依据实验结果形成了多条 ROC 曲线，如图 5-15 所示。通过分析各网络的 ROC 曲线可知，RFD-CCNN 与其他 4 种旋转人脸检测网络相比，达到了最佳的检测效果，这进一步证明了本书提出的汇聚级联卷积神经网络的有效性。

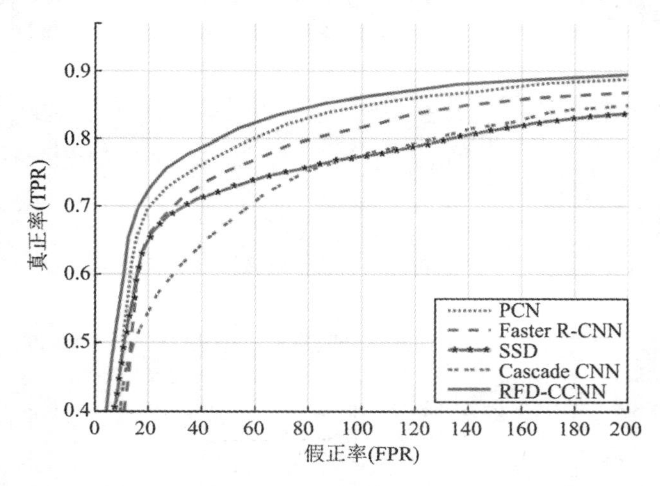

图 5-15 旋转人脸 Sub-WIDER FACE 数据集下的不同网络 ROC 曲线

图 5-16 中展示了 RFD-CCNN 在旋转人脸 Sub-Wider Face 数据集下的人脸检测的可视化效果。在人脸检测过程中，RFD-CCNN 通过对不同尺度下的

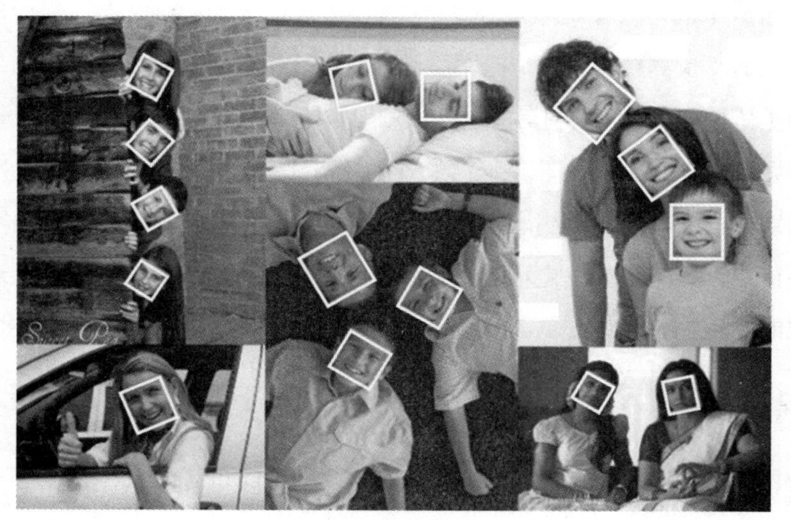

图 5-16 旋转人脸 Sub-Wider Face 数据集下 RFD-CCNN 的人脸检测可视化效果图

特征图汇聚后，在人脸分类网络和人脸回归网络，逐步对检测到的可能人脸区域进行角度估计并进方位校正，采用多任务联合训练，强化了人脸检测网络对不同旋转角度的检测性能。实验结果表明，RFD-CCNN 对于平面内旋转人脸的检测具有明显优势。

5.4.3 旋转人脸 Sub-Wider Face 数据集下平均准确率与速度对比

RFD-CCNN 旨在实现低时间损耗下精确地完成对旋转人脸的检测。为了定量比较 RFD-CCNN 与各对比网络的准确率和速度，本节选择旋转人脸 Sub-Wider Face 数据集进行实验，并统计 RFD-CCNN 与 PCN、Faster R-CNN、SSD 和 Cascade CNN 等在 100 次误报时的准确率与速度，对比结果如表 5-2 所示。

表 5-2　各网络的检测准确率与速度实验结果对比

网络	AP(%)	FPS(张)
PCN	0.852	47
Faster R-CNN	0.818	13
SSD	0.771	24
Cascade CNN	0.778	51
RFD-CCNN	0.871	45

由表 5-2 可看出，RFD-CCNN 的运行速度几乎与 PCN 和 Cascade CNN 相同，但在检测准确率上要远高于和 SSD 和 Cascade CNN，这主要受益于 RFD-CCNN 采用的汇聚级联结构和人脸分类网络对人脸主方向的快速分类。此外人脸回归网络对人脸 RIP 角度的连续精确回归，也使 RFD-CCNN 的检测准确率高于其他 4 种对比网络，这进一步证明 RFD-CCNN 具有较高的精确性和实时性。

5.5 本章小结

苏轼曾写道："横看成岭侧成峰，远近高低各不同。"这两句诗阐释了视角的变化对视觉任务的影响。受人体姿态和取景角度的影响，采集到的人脸图像，时常会存在平面内旋转角度不确定等问题，这为人脸检测以及基于人脸的视觉任务带来了极大的挑战。

本章以速度和准确性较好的 SSD 为主网络，汇聚不同尺度下的特征图，借鉴多任务卷积神经网络，设置了多任务的分类与回归网络，在网络前期去掉很多的负样本，使得整个网络的运行效率提高；分类与回归网络采用级联结构，保证了网络的实时性，同时浅层的卷积神经网络还采用了多分辨率设计，可以实现比单分辨率更强的检测能力；构建旋转人脸数据集，扩充后得到了 5 万余张数据集；确定训练过程中的超参数，如学习率、Batchsize 样本大小、损失函数和优化策略等，在数据集上进行训练，并与其他网络在不同数据集上进行对比实验，验证 RFD-CCNN 的有效性和优越性。实验结果表明，在基础模型 SSD 上结合 PCN 思想，加入人脸角度估计模块，分阶段估计人脸旋转角度，并最终对人脸角度进行求和计算及人脸判别，使得改进后的 RFD-CCNN，在保持低时间损耗的同时，能进一步提高多尺度旋转人脸的检测准确率。

第6章 总结与展望

6.1 总　结

随着硬件设备的不断更迭,深度学习所领衔的人工智能得到了高速发展。在人机交互发展道路上离不开人脸检测的支持,特别是在近十年以来,计算机算力日益提升和大数据系统广泛地建立,基于深度学习的计算机视觉蓬勃发展,而人脸检测作为其中一个重要分支也在这次浪潮中得到了广泛研究和应用。

人脸作为人体上非接触式且具有独特性的生物特征,在日常身份验证中占据着重要地位。随着社会不断进步以及对智能化体验的迫切需求,人们希望计算机能够快速准确地检测出人脸。人脸检测属于目标检测的分支之一,基于卷积神经网络的目标检测网络在提出之际,其检测效果便远远超越了传统目标检测方法。在学术界,CNN 作为目标检测网络运行的基础,架构不断被优化和革新,网络层次变得越来越深,学习到的特征也越来越丰富,不同目标的表达能力也更强。在工业界,目标检测网络通常需要运行在嵌入式设备、特殊芯片以及手机移动端等硬件上,所需的网络参数量不能太大且网络的结构不能过于复杂,否则网络的运行速度会大打折扣。因此,单阶段及轻量级人脸检测技术无论在学术上还是在实际生产生活中都受到广泛关注。目前，现有人脸检测方法在检测速度和检测精度间的平衡上并未达到最优，本书对该类课题从理论到实验进行了充分的研究，主要工作如下：

(1) 对基于深度学习的人脸检测技术进行分析，总结了在人脸检测过程中所面临的困难，通过对卷积神经网络的组成结构、训练与优化、经典网络模型等内容的阐述，为后续人脸检测网络改进打下基础，同时将卷积神经网络确定为人脸特征提取的骨干网。

(2) 从多种角度分析常见的人脸检测网络结构，明确人脸目标检测的工作流程，并比较不同检测方法的优缺点。针对现有基于深度学习的人脸目标检测网络，在复杂环境下有效信息抽取难度大、特征提取不充分的问题，首先在YOLO v4上进行结构重构，优化骨干网，引入改进深度可分离残差块Idsrm替换原来的CSP模块，通过深度可分离卷积大幅减少网络的参数量，提升检测速度；其次融入注意力增强模块Am，增强深层网络特征的感知能力，提高特征向量的丰富性和代表性，从而避免外部环境对人脸检测网络的干扰；最后在多个数据集上进行实验对比，实验结果表明，本书所提DSRAM对人脸目标的检测在准确率和效率间达到良好的平衡。

(3) 考虑到真实场景复杂多变，人脸不总是竖直方向，有可能出现各种各样的平面内旋转角度和尺度差异，使得人脸的表观变化较大，常规人脸检测方法无法取得良好的检测效果。针对此状况，本书提出了一种基于汇聚级联卷积神经网络的旋转人脸检测模型RFD-CCNN。RFD-CCNN中骨干网采用改进后的SSD作为特征提取网络，对不同分辨率特征图进行融合来提升预测特征图的细节信息，以利于小尺度人脸检测；附加网络由两个并行的级联分支组成，每个分支设计了浅层的人脸分类网络和人脸回归网络。骨干网与附加网络采用汇聚级联的设置方式，进一步加快对旋转人脸的检测速度。在模型训练阶段，使用增强后的数据集，提升模型对旋转人脸特征的学习能力。基于旋转人脸FDDB和旋转人脸Sub-WIDER FACE数据集的对比实验结果表明，RFD-CCNN

对平面内旋转人脸检测效果显著，相较于 PCN、Faster R-CNN、SSD 和 Cascade CNN 等对比网络，具有明显的优势。

6.2 展 望

本书对人脸智能检测技术进行了深入研究，虽然取得了一些初步的研究进展，但在其他方面还有巨大的进步空间，未来的研究中仍需从以下几方面继续探索。

(1) 注意力模块在嵌入 CNN 时，一定程度上会增加网络的参数量，而且嵌入方式不同其效果也有所差异，未来可以尝试设计更加精简的注意力模块，并与更多主流的网络进行结合(如 YOLO v5、YOLO v6 及更高版本)，平衡好网络的参数量与检测效果；同时也会考虑在其他设备上(如移动终端)做进一步的探究。

(2) 数据增广的方法虽然可以有效地扩充数据集，但这种数据增广取决于原始数据量的大小，若原始数据缺乏，会使得数据扩充的能力受限。因此后续可以考虑使用生成对抗网来产生更多的样本数据，再结合数据增广方法进一步扩充样本，从而驱动网络训练出更好的性能。

(3) 现阶段人脸检测研究的本质还是首先从图像中提取出有关人脸的特征，然后对该特征进行分类，进而实现对人脸目标的检测。未来研究中，是否可以设计总结出一个更加新颖的、有别于分类的目标检测网络结构，这值得进一步研究。

(4) 本书所用人脸检测网络都是基于锚框的，受锚框位置、大小设定、数量以及匹配策略的影响，限制了其泛化能力。随着无锚框系列网络的兴起，未来考虑采用较为流行的 Transfomer 模型，实现更方便地训练、验证和部署。

(5) 虽然提出的汇聚级联旋转人脸检测技术对平面内旋转人脸检测有一定的优势，但随着知识的增长及深度学习的快速发展，未来可研究平面外旋转人脸检测模型，搭建一个完整的多姿态人脸检测系统。

附录　缩略语对照表

符　号	全　　称
AdaBoost	自适应增强(Adaptive Boosting)
Adam	自适应矩估计(Adaptive Moment Estimation)
Am	注意力模块(Attention mechanism)
AP	平均准确率(Average Precision)
BiRNN	双向循环神经网络(Bidirectional Recurrent Neural Network)
BGD	批量梯度下降(Batch Gradient Descent)
BBox	边界框(Bounding Box)
BN	批标准化(Batch Normalization)
CNN	卷积神经网络(Convolutional Neural Network)
CSPNet	跨阶段局部网络(Cross Stage Partial NetWork)
Cascade CNN	级联卷积神经网络(Cascade Convolutional Neural Network)
CBL	CBL(Conv+BN+LeakyReLu)
CBAM	卷积块注意力模块(Convolutional Block Attention Module)
CAM	通道注意力模块(Channel Attention Module)

续表一

符　号	全　称
DSRAM	融合注意力机制的深度可分离残差网络(Deep Separable Residual and Attention Mechanism Network)
DPM	可变形部件模型(Deformable Parts Models)
DSSD	DSSD(Deconvolutional Single Shot Detector)
DETR	DETR(DEtection TRansformer)
ELAN	高效层聚合网络(Efficient Layer Aggregation Network)
FC	全连接(Fully Connected)
FPN	特征金字塔网络(Feature Pyramid NetWork)
FCOS	FCOS(Fully Convolutional One-Stage)
FPS	帧率(Frames Per Second)
GELAN	GELAN(Generalized Efficient Layer Aggregation Network)
HOG	方向梯度直方图(Histogram of Oriented Gradient)
Idsrm	改进深度可分离残差块(Improved deep separable residual model)
ILSVRC	ImageNet 大型视觉识别挑战赛(ImageNet Large Scale Visual Recognition Challenge)
IoU	交并比(Intersection over Union)
KNN	邻近算法(K-Nearest Neighbor)
LSTM	长短期记忆网络(Long Short-Term Memory)

续表二

符　号	全　　称
MBGD	小批量梯度下降(Mini-Batch Gradient Descent)
MTCNN	多任务级联卷积神经网络(Multi-task Cascaded Convolutional Neural Network)
MSE	均方误差(Mean Squared Error)
MAE	平均绝对值误差(Mean Absolute Error)
mAP	平均精度均值(mean Average Precision)
MLP	多层感知机(Multilayer Perceptron)
NMS	非极大值抑制(Non-Maximum Suppression)
PCN	渐进校准网络(Progressive Calibration Network)
PAN	路径聚合网络(Path-Aggregation Network)
RFD-CCNN	基于汇聚级联卷积神经网络的旋转人脸检测模型(Rotating Face Detection Model Based on Convergent Cascaded Convolutional Neural Network)
RNN	循环神经网络(Recurrent Neural Network)
ReLU	修正线性单元(Rectified Linear Unit)
ResNet	残差网络(Residual Network)
R-CNN	基于区域的卷积神经网络(Region-based Convolutional Neural Network)
RoI	感兴趣区域(Region of Interest)

续表三

符　号	全　　称
RPN	区域候选网络(Region Proposal Network)
RSSD	RSSD(Rainbow SSD)
RIP	人脸的平面旋转(Rotation-in-Plane)
ROC	ROC 曲线(Receiver Operation Characteristic Curve)
SVM	支持向量机(Support Vector Machine)
SS	选择性搜索(Selective Search)
SIFT	尺度不变特征变换(Scale Invariant Feature Transform)
SPPNet	空间金字塔池化网(Spatial Pyramid Pooling Network)
SSD	单射多尺度检测器(Sinngle Shot MultiBox Detector)
S3FD	S3FD(Single Shot Scale-invariant Face Detector)
SE	压缩-激励(Squeeze and Excitation)
SGD	随机梯度下降(Stochastic Gradient Descent)
SENet	SENet(Squeeze-and-Excitation Network)
VGGNet	VGGNet(Visual Geometry Group Network)
YOLO	只看一次检测(You Only Look Once)

参考文献

[1] 李亮. 基于对抗机器学习的人脸图像生成方法研究[D]. 南昌：南昌大学，2022.

[2] XUN N，ZOU C，ZHAO L. Survey on Human Face Detect[J]. Journal of Circuits and Systems，2016，11(6)：101-108.

[3] 卢宏涛，张秦川. 深度卷积神经网络在计算机视觉中的应用研究综述[J]. 数据采集与处理，2016，31(1)：1-17.

[4] 郭浩. 基于 Anchor Free 的目标检测算法研究[D]. 西安：西安邮电大学，2022.

[5] IMANI M，GHASSEMIAN H. An Overview on Spectral and Spatial Information Fusion for Hyperspectral Image Classification：Current Trends and Challenges [J]. Information Fusion，2020，59：59-83.

[6] AHONEN T，HADID A，PIETIKAINEN M. Face Description with Local Binary Patterns：Application to Face Recognition[J]. IEEE transactions on pattern analysis and machine intelligence，2006，28(12)：2037-2041.

[7] ULKU I，AKAGUNDUZ E. A Survey on Deep Learning-based Architectures for Semantic Segmentation on 2D images[J]. Applied Artificial Intelligence，2022(9)：1-30.

[8] ZHAO Z Q，ZHENG P，XU S T，et al. Object Detection with Deep Learning：A Review[J]. IEEE transactions on neural networks and learning systems，2019，30(11)：3212-3232.

[9] 宋梦媛. 基于改进 Faster RCNN 的多尺度人脸检测网络研究[J]. 自动化仪

表，2022，43(11)：39-43.

[10] 张耀明，刘嘉巍，宋晓力，等. 一种基于 YOLO v3 的深度学习视觉车辆检测方法[J]. 汽车实用技术，2022，47(5)：30-33.

[11] XIAN S，PWAB C，CHENG W，et al. PBNet：Part-based Convolutional Neural Network for Complex Composite Object Detection in Remote Sensing Imagery[J]. ISPRS Journal of Photogrammetry and Remote Sensing，2021，173：50-65.

[12] UIJLINGS J R R，SANDE K E A，GEVERS T，et al. Selective Search for Object Recognition[J]. International Journal of Computer Vision，2013，104(2)：154-171.

[13] LOWE D G. Distinctive Image Features from Scale-Invariant Keypoints[J]. International Journal of Computer Vision，2004，60(2)：91-110.

[14] DALAL N，TRIGGS B. Histograms of Oriented Gradients for Human Detection[C]//IEEE Computer Society Conference on Computer Vision & Pattern Recognition. 2005：886-893.

[15] FELZENSZWALB P F，GIRSHICK R B，MCALLESTER D，et al. Object Detection with Discriminatively Trained Part-Based Models[J]. IEEE Transactions on Pattern Analysis & Machine Intelligence，2010，32(9)：1627-1645.

[16] CRISTIANINT N，JOHN S T. An Introduction to Support Vector Machines and Other Kernel-based Learning Methods [M]. England：Cambridge University Press，2000.

[17] FREUND Y. Experiment with a New Boosting Algorithm[C]//International Conference on Machine Learning. 1996：148-156.

[18] LIAW A，WIENER M. Classification and Regression by randomForest[J]. R News，2002，2(3)：18-22.

[19] NEUBECK A，GOOL L. Efficient Non-Maximum Suppression[C]// International Conference on Pattern Recognition. Hong Kong，China，2006：850-855.

[20] KRIZHEVSKY A，SUTSKEVER I，HITON G E. ImageNet Classification with Deep Convolutional Neural Networks[C]//Advances in Neural Information Processing Systems. 2012：1097-1105.

[21] GIRSHICK R，DONAHUE J，DARRELL T，et al. Rich Feature Hierarchies for Accurate Object Detection and Semantic Segmentation Tech Report (v5)[J]. Proceedings of the International Conference on Computer Vision and Pattern Recognition，2017，44(3)：580-587.

[22] HE K，ZHANG X，REN S，et al. Spatial Pyramid Pooling in Deep Convolutional Networks for Visual Recognition[J]. IEEE Transactions on Pattern Analysis & Machine Intelligence，2015，37(9)：1904-1916.

[23] GIRSHICK R. Fast R-CNN[C]//Proceedings of the 2015 International Conference on Computer Vision (ICCV)，2015：1440-1448.

[24] REN S，HE K，GIRSHICK R，et al. Faster R-CNN：Towards Real-Time Object Detection with Region Proposal Networks[J].IEEE Transactions on Pattern Analysis & Machine Intelligence，2017，39(6)：1137-1149.

[25] LIN T Y，GOYAL P，GIRSHICK R，et al. Focal Loss for Dense Object Detection LIN T Y，GOYAL P，GIRSHICK R, et al. Focal Loss for Dense Object Detection[EB/OL]. (2018-2-7)[2024-2-24]. https://arxiv.org/abs/1708.02002.

[26] REDMON J，DIVVALA S，GIRSHICK R，et al. You Only Look Once：Unified，Real-Time Object Detection[C]//Proceedings of the 2016IEEE Conference on Computer Vision and Pattern Recognition. Las Vegas，USA，2016：779-788.

[27] REDMON J，FARHADI A. YOLO9000：Better，Faster，Stronger[C]//IEEE

Conference on Computer Vision & Pattern Recognition. IEEE，2017：6517-6525.

[28] REDMON J，FARHADI A . YOLOv3：An Incremental Improvement [EB/OL].(2018-4-8)[2024-2-24]. https：//arxiv. org/abs/1804. 02767.

[29] BOCHKOVSKIY A，WANG C Y，LIAO H Y M. YOLOv4：Optimal Speed and Accuracy of Object Detection[EB/OL].(2020-4-23)[2024-2-24]. http：//arXiv.org/abs/2004.10934.

[30] FU C Y，LIU W，RANGA A，et al. Dssd：Deconvolutional Single Shot Detector[J]. (2017-1-23)[2024-2-24]. https：//arxiv.org/abs/1701.06659.

[31] JEONG J，PARK H，KWAK N. Enhancement of SSD by Concatenating Feature Maps for Object Detection[J]. (2017-5-26)[2024-2-24]. https：//arxiv.org/abs/1705.09587

[32] TIAN Z，SHEN C，CHEN H，et al. FCOS：Fully Convolutional One-Stage Object Detection[EB/ OL] (2019-08-20)[2024-2-24]. https：//arxiv.org/pdf/1904.01355.

[33] CARION N，MASSA F，SYNNAEVE G，et al. End-to-end Object Detection with Transformers[C]//European Conference on Computer Vision. Online，2020：213-229.

[34] ZHU C，ZHENG Y，LUU K，et al. CMS-RCNN：Contextual Multi-Scale Region-based CNN for Unconstrained Face Detection[EB/OL].(2016-06-16)[2024-2-24]. https：//arxiv.org/pdf/ 1606.05413.

[35] WAN S，CHEN Z，ZHANG T，et al. Bootstrapping Face Detection with Hard Negative Examples[EB/OL].(2016-08-07)[2024-2-24]. https：//arxiv.org/pdf/1608.02236.

[36] ZHANG S，ZHU X，LEI Z，et al. S3FD：Single Shot Scale-invariant Face Detector[C]//2017 IEEE International Conference on Computer Vision，

ICCV2017. Venice，Italy：IEEE Computer Society，2017：192-201.

[37] NAJIBI M，SAMANGOUEI P，CHELLAPPA R，et al. SSH：Single Stage Headless Face Detector[C]//Proceedings of the IEEE International Conference on Computer Vision，2017：4875-4884.

[38] TANG X，DU D K，HE Z，et al. Pyramidbox：A context-assisted Single Shot Face Detector[C]//Proceedings of the European Conference on Computer Vision(ECCV). 2018：797-813.

[39] ZHANG Y D，Xu X，LIU X T. Robust and High Performance Face Detector[EB/OL]. (2019-1-6)[2024-2-24]. https：//arxiv.org/abs/1901.02350.

[40] 吴慧婕，赵刚，胡送惠，等. 基于 YOLOv5s+CANet 的人脸口罩检测改进算法[J]. 南昌航空大学学报：自然科学版，2022，36(4)：108-115.

[41] VIOLA P A，JONES M J. Rapid Object Detection Using a Boosted Cascade of Simple Features[C]//IEEE Computer Society Conference on Computer Vision & Pattern Recognition. IEEE，2001.

[42] LI H，ZHE L，SHEN X，et al. A Convolutional Neural Network Cascade for Face Detection[C]//Computer Vision & Pattern Recognition. New York，USA：IEEE，2015：5325-5334.

[43] YANG S，PING L，LOY C C，et al. From Facial Parts Responses to Face Detection：A Deep Learning Approach[C]//IEEE International Conference on Computer Vision. IEEE，2016.

[44] SHI X，SHAN S，KAN M，et al. Real-Time Rotation-Invariant Face Detection with Progressive Calibration Networks[C]//Computer Vision and Pattern Recognition，IEEE，2018：2295-2303.

[45] ZHANG K，ZHANG Z，LI Z，et al. Joint Face Detection and Alignment Using Multitask Cascaded Convolutional Networks[J]. IEEE Signal Processing Letters，2016，23(10)：1499-1503.

[46] 董春峰，杨春金，周万珍. 一种基于感受野增强的人脸检测方法[J]. 河北工业科技，2022，39(6)：474-479.

[47] 宋凯凯. 基于深度学习的图像情感分析[D]. 合肥：中国科学技术大学，2018.

[48] HUBEL D H，WIESEL T N. Receptive Fields，Binocular Interaction and Functional Architecture in the Cat's Visual Cortex[J]. The Journal of Physiology，1962，160(1)：106-154.

[49] FUKUSHIMA K，MIYAKE S. Neocognitron：A Self-organizing Neural Network Model for a Mechanism of Visual Pattern Recognition[M]//Competition and Cooperation in Neural Nets. Heidelberg：Springer，1982：267-285.

[50] LECUN Y，BOTTOU L，BENGIO Y，et al. Gradient-based Learning Applied to Document Recognition[J]. Proceeding of the IEEE，1998，86(11)：2278-2324.

[51] KAREN S，ANDREW Z. Very Deep Convolutional Networks for Large-scale Image Recognition[J]. International Conference on Learning Representations，2015，5(3)：345-358.

[52] SZEGEDY C，LIU W，JIA Y，et al. Going Deeper with Convolutions[C]//Proceedings of the 2015 IEEE Conference on Computer Vision and Pattern Recognition，2015：1-9.

[53] HE K，ZHANG X，REN S，et al. Deep Residual Learning for Image Recognition[C]//2016 IEEE Conference on Computer Vision and Pattern Recognition (CVPR)，2016.

[54] JIE H，LI S，GANG S. Squeeze-and-Excitation Networks[C]//2018 IEEE/CVF Conference on Computer Vision and Pattern Recognition (CVPR)，2018.

[55] 陈灏然. 基于卷积神经网络的小目标检测算法研究[D]. 无锡：江南大学，2021.

[56] 郭晓丽. 基于全卷积神经网络的植物图像分割算法研究与实现[D]. 呼和浩特：内蒙古大学，2021.

[57] 吕方方，陈光喜，刘家畅，等. 基于卷积神经网络的小目标检测改进算法[J]. 桂林电子科技大学学报，2021，41(5)：368-374.

[58] 郑婷婷，杨雪，戴阳. 基于关键点的 Anchor Free 目标检测模型综述[J]. 计算机系统应用，2020，29(8)：1-8.

[59] DAI J，LI Y，HE K，et al. R-FCN：Object Detection via Region-based Fully Convolutional Networks[C]//Neural Information Processing Systems. 2016：379-387.

[60] HE K，GKIOXARI G，DOLLAR P，et al. Mask R-CNN[C]//IEEE International Conference on Computer Vision. 2017：2980-2988.

[61] 刘力. 基于深度学习的轨道侵限异物检测方法研究[D]. 兰州：兰州交通大学，2022.

[62] 郑祥盘，王兆权，宋国进. 改进深度学习的车牌字符识别技术[J]. 福州大学学报：自然科学版，2021，49(3)：316-322.

[63] LIN T Y，DOLLAR P，GIRSHICK R，et al. Feature Pyramid Networks for Object Detection[C]//Proceedings of the IEEE Conference on Computer Vision and Pattern Recongnition，2017：2117-2125.

[64] WANG C Y，LIAO H Y M，WU Y H，et al. CSPNet：A New Backbone that can Enhance Learning Capability of CNN[C]// Proceedings of the IEEE/CVF Conference on Computer Vision and Pattern Recognition Workshops. 2020：390-391.

[65] LIU S，QI L，QIN H，et al. Path Aggregation Network for Instance Segmentation [C]//Proceeding of the IEEE Conference on Computer Vision

and Pattern Recognition. 2018：8759-8768.

[66] DEVRIES T，TAYLOR G W. Improved Regularization of Convolutional Neural Networks with Cutout[EB/OL].(2017-8-15)[2024-2-24]. htpps：//arxiv.org/abs/1708.04552.

[67] VASWANI A，SHAZEER N，PARMAR N，et al. Attention is all You Need[J]. Advances in neural information processing systems，2017，30：6000-6010.

[68] WOO S，PARK J，LEE J Y，et al. Cbam：Convolutional Block Attention Module [C]//Proceedings of the European Conference on Computer Vision. Heidelberg：Springer，2018：3-19.

[69] HOU Q，ZHOU D，FENG J. Coordinate Attention for Efficient Mobile Network Design[C]//Proceedings of the IEEE Conference on Computer Vision and Pattern Recognition. Los Alamitos：IEEE Computer Society Press，2021：13713-13722.

[70] WANG F，HU H，SHEN C. BAM：A Balanced Attention Mechanism for Single Image Super Resolution[EB/OL]. (2021-9-10)[2024-2-24]. https：//arxiv.org/abs/2104.07566.

[71] QIN Z，ZHANG P，WU F，et al. Fcanet：Frequency channel attention networks[C]// Proceedings of the IEEE/CVF International Conference on Computer Vision. Los Alamitos：IEEE Computer Society Press，2021：783-792.

[72] ZENG J，LI J，FENG L. Face Recognition Based on Improved Residual Network and Channel Attention[J]. Automatic Control and Computer Sciences，2022，56(5)：383-392.

[73] YAN W，LIU T，LIU S，et al. A lightweight Face Recognition Method Based on Depthwise Separable Convolution and Triplet Loss[C]//2020 39th Chinese Control Conference (CCC). IEEE，2020：7570-7575.

[74] PRIYA G N，BANU R S D W. A Robust Rotation Invariant Multiview Face Detection in Erratic Illumination Condition[J]. International Journal of Computer Applications，2012，57(20)：46-51.

[75] KYLBERG G，SINTORN I M. On the Influence of Interpolation Method on Rotation Invariance in Texture Recognition[J]. Eurasip Journal on Image and Video Processing，2016(1)：17.

[76] XIAO Y，CAO D，GAO L. Face Detection Based on Occlusion Area Detection and Recovery[J]. Multimedia Tools and Applications，2020，79(2)：16531-16546.

[77] 龚安，张敏. BP 网络自适应学习率研究[J]. 科学技术与工程，2006，6(1)：64-66.

[78] SMITH S L，KINDERMANS P J，YING C，et al. Don't Decay the Learning Rate，Increase the Batch Size[EB/OL]. (2017-11-1)[2024-2-24]. https://arxiv.org/ abs/1711.00489.